自动驾驶理论及在农机中的应用

罗尤春 著

电子工业出版社
Publishing House of Electronics Industry
北京·BEIJING

内 容 简 介

当前农业生产已经从机械化阶段提升到智能化阶段，农业生产提出了精准作业、自动/无人作业等需求，自动驾驶技术成为最重要的农机智能化技术手段之一。自动驾驶技术中又数自动驾驶模型、算法最为核心，本书主要介绍了农机自动驾驶系统总体设计、相关感知、执行技术，详细阐述了农机自动驾驶系统的车辆、传感器等信息融合模型，详述了转向控制算法、最优控制理论、最小时间控制理论应用于农机自动驾驶系统的方法，并将 MATLAB 仿真结果与实际应用结果进行比较。

本书适合作为卫星导航企业精准农业研发人员、农业机械企业研发人员、大专高等院校教师和学生、研究所研究人员的参考读物。

未经许可，不得以任何方式复制或抄袭本书之部分或全部内容。
版权所有，侵权必究。

图书在版编目（CIP）数据

自动驾驶理论及在农机中的应用 / 罗尤春著. —北京：电子工业出版社，2020.10
ISBN 978-7-121-39764-6

Ⅰ．①自… Ⅱ．①罗… Ⅲ．①农业机械－自动驾驶系统－研究 Ⅳ．①S22

中国版本图书馆 CIP 数据核字（2020）第 195885 号

责任编辑：徐　静　　文字编辑：孙丽明
印　　刷：三河市鑫金马印装有限公司
装　　订：三河市鑫金马印装有限公司
出版发行：电子工业出版社
　　　　　北京市海淀区万寿路 173 信箱　邮编：100036
开　　本：720×1 000　1/16　印张：11.5　字数：221 千字
版　　次：2020 年 10 月第 1 版
印　　次：2020 年 10 月第 1 次印刷
定　　价：59.00 元

凡所购买电子工业出版社图书有缺损问题，请向购买书店调换。若书店售缺，请与本社发行部联系，联系及邮购电话：（010）88254888，88258888。
质量投诉请发邮件至 zlts@phei.com.cn，盗版侵权举报请发邮件至 dbqq@phei.com.cn。
本书咨询联系方式：（010）88254461，sunlm@phei.com.cn。

序

  本书旨在为农机自动驾驶系统提出一种全面的系统架构，建立理论基础并投入应用。

  2015 年，我开始接触农机自动驾驶系统。在随后将近两年的时间里，我围绕该系统的理论、建模、编程、测试等独自进行工作。由于没有系统性介绍农机自动驾驶技术的书籍或论文可以直接参考学习，而工作的要求又是要做出符合等级要求、能批量生产的产品，所以当时做了很多尝试，特别是其中的车辆几何模型、转向控制算法、路径规划算法、$u(t)$-complete 算法实现（分别对应第 4、5、6、7 章），都是在进行反复推演、仿真、试验之后得到的。为了与仿真软件中的图保持一致，本书软件截图不对变量的正斜体及正、负号进行处理。

  2017 年下半年，我们组建了自动驾驶团队，开始进行小批量产品推广的工作。其间，同事张子旭、陈红亮、闵俊杰、孔德智等为此做出了贡献。在小批量产品推广的过程中，我们的产品实际应用在广袤的土地上，在 95% 的农业作业时长内解放了农机驾驶员的双手、双眼，团队为之振奋，辛勤的工作带来了极大的成就感！特别是在 2018 年和 2019 年新疆春播过程中，张子旭、陈红亮两位同事对小批量产品市场服务工作的热情和辛劳付出，令人记忆犹新。

  2019 年下半年，农机自动驾驶系统开始大批量、规模化生产，截至 2020 年 4 月，产品已经生产 800 余套，并且仍在大批量持续生产中。

  本书的写作从 2018 年开始，由于工作的原因断断续续，产品进入大批量生产后才腾出时间加紧写作。2020 年 1 月，新冠肺炎疫情开始在全国蔓延，我在四川老家和江苏常州待了一个多月，完成了本书的初稿。本书作为本人从 25 岁毕业到 31 岁人到中年的一个阶段性总结，对自己有很大的意义，特别是学以致用带来了很大的通透感。

  本书也作为备忘录，让我想起那些逝去的青春岁月，想起我们的团队，想起新疆农民用户脸上的笑容，以及那片神奇、广袤的大地。

  读者如有需要可登录华信教育资源网获取本书案例源代码：http://www.hxedu.com.cn。

罗尤春

2020 年 4 月于常州

目 录

第1章 农机自动驾驶系统总体设计 (1)
  1.1 农机自动驾驶系统设计目标 (1)
  1.2 系统总体架构 (2)
  1.3 本书结构 (3)

第2章 数学基础和软件基础 (4)
  2.1 空间坐标系变换 (4)
  2.2 关键计算技术 (5)
    2.2.1 非线性方程求根的二分法 (5)
    2.2.2 菲涅耳函数数值计算 (8)
  2.3 MATLAB 常用命令 (12)
    2.3.1 矩阵及其运算 (12)
    2.3.2 函数 (14)
    2.3.3 画图 (16)
    2.3.4 帮助系统 (21)

第3章 感知与执行技术 (22)
  3.1 感知技术1：RTK 技术基础 (22)
    3.1.1 大地测量坐标系 (22)
    3.1.2 GPS 定位原理 (24)
    3.1.3 NMEA-0183 协议 (26)
  3.2 感知技术2：角度精确测量应用 (29)
  3.3 执行控制应用技术 (30)
    3.3.1 电磁比例阀控制应用 (30)
    3.3.2 电机控制应用 (35)

第4章 车辆几何模型 (36)
  4.1 RTK-车辆模型 (36)
    4.1.1 双天线 RTK-车辆模型与 GPATR 报文 (36)
    4.1.2 航向补偿角 β_{offset} 计算方法 (39)
    4.1.3 横滚补偿角 γ_{offset} 计算方法 (40)

  4.1.4 主天线 G_1 定位修正 ·· (41)
  4.1.5 车辆前进倒退的判断 ··· (43)
  4.1.6 车速 v 的计算 ··· (44)
 4.2 角度传感器模型 ··· (45)
 4.3 水平面直线路径几何模型 ··· (46)
  4.3.1 直线 AB 设置 ·· (46)
  4.3.2 直线 AB 设计 ·· (47)
  4.3.3 平行直线阵列设计 ··· (48)
 4.4 车辆-路径参数计算模型 ·· (51)
  4.4.1 带有车头方向信息的扩展直线方向角 β_{lextend} ···························· (51)
  4.4.2 航向角偏差 β ··· (52)
  4.4.3 横向偏差 d ·· (53)
 4.5 显示动画模型 ·· (56)

第 5 章 转向控制算法 ·· (59)
 5.1 Ackermann 转向模型 ··· (59)
 5.2 α，β，d 微分关系 ··· (63)
  5.2.1 车轮角度与车辆航向角变化率之间的关系 ······················· (63)
  5.2.2 车辆航向角与车辆横向偏差变化率之间的关系 ················· (64)
 5.3 一个车辆运动微元模型 ··· (64)
 5.4 Look Ahead Ackermann 算法 ··· (69)
  5.4.1 车辆前行时的 Look Ahead Ackermann 公式 ···················· (70)
  5.4.2 车辆倒车时的 Look Ahead Ackermann 公式 ···················· (77)
 5.5 一种好的 Look Ahead Height 定义 ··································· (81)
 5.6 二阶方程与避障规划 ·· (88)
  5.6.1 与 LAA 近似的一个二阶方程 ······································· (88)
  5.6.2 避障规划应用 ··· (93)

第 6 章 路径规划算法 ·· (98)
 6.1 最小时间系统的控制 ·· (98)
 6.2 车辆转向控制问题描述 ··· (101)
 6.3 $u(t)$-simple 问题求解 ·· (103)
 6.4 $u(t)$-complete 问题求解 ··· (119)

第7章 $u(t)$-complete 算法实现 …………………………………………………（128）
7.1 JTP2、JTP1 和 Find_T2 ………………………………………………（128）
7.1.1 JTP2 …………………………………………………………………（128）
7.1.2 JTP1 …………………………………………………………………（132）
7.1.3 Find_T2 ………………………………………………………………（135）
7.2 UT_complete …………………………………………………………（137）
7.3 车辆运动微元模型仿真 UT_simu ……………………………………（149）
7.4 人工上线转向行为研究 ………………………………………………（155）

参考文献 ………………………………………………………………………（175）

第1章 农机自动驾驶系统总体设计

1.1 农机自动驾驶系统设计目标

农机自动驾驶系统是一种根据车辆高精度位姿信息实时控制车辆转向的设备系统,与农业精耕细作的需求结合,不仅达到"行直垄齐"的农艺作业要求,提高土地利用率,减轻人工驾驶农机的负担,而且可以昼夜工作,提高耕作效率。

在农业中,自动驾驶系统接管农机的转向控制,最重要的功能是控制农机(或农机具)沿"AB 线"进行直线行驶,因此,农机自动驾驶系统的主要设计指标如下:

(1)高精度直线行驶。

自动驾驶农机直线行驶精度应达到±2.5cm(正态分布 2σ 概率,即 95%误差值在±2.5cm 以内),交接行精度应达到±2.5cm。

(2)较宽的自动驾驶车速范围。

可使用自动驾驶系统并保证高精度直线行驶的车速范围应较宽,本书的设计目标为 0~20km/h。

(3)快速上线能力。

车辆从目标直线外行驶到目标直线上的时间或距离限制。

(4)倒车自动驾驶。

包括倒车上线与倒车在线自动驾驶。

(5)圆或一般曲线自动驾驶。

(6)斜坡地形自动驾驶。

(7)OTA 功能。

Over The Air,即空中下载技术。

本书着重关注前 4 个指标。

1.2　系统总体架构

一般而言，农机自动驾驶系统包含 RTK 接收机、显示器、控制器、角度传感器、电磁比例换向阀组、转向电机等主要部件。控制器（ECU）通过 RS232 串口接收来自 RTK 接收机的车辆实时位姿信息 (x,y,β,γ) 和安装于车辆转向轮的角度传感器（Angle Sensor, AS）测量的车轮角度 α，根据控制算法模型计算出需要的实时转角 α_c，转角差值为 $e=\alpha_c-\alpha$，输出 PWM 调制电流信号给电磁比例换向阀组进行转向控制，或通过 CAN 总线对安装于车辆方向盘的力矩/步进电机进行控制，同时与显示器人机接口（Human Machine Interface，HMI）进行 CAN 总线通信。

车辆转向轮得到转向控制，给予一定的车辆行驶速度 v（本书不讨论速度自动控制），同时考虑地形的影响，车辆就可以自动行驶起来。随着时间的演化，车辆位姿信息 (x,y,β,γ) 也会实时变化，这样就形成了"车辆-地形-RTK 实时位姿-ECU-阀/电机-车轮"的大回环，这就是本书讨论的农机自动驾驶系统的总体架构，如图 1-1 所示。

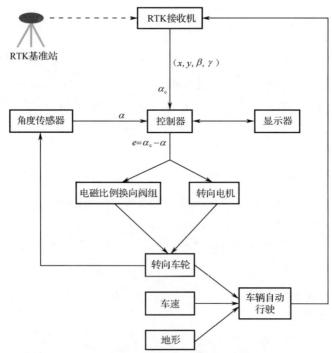

图 1-1　农机自动驾驶系统的总体架构

1.3 本书结构

本书旨在为农机自动驾驶系统提出一种全面的系统架构，建立理论基础和应用研究。

第 2 章介绍数学基础和软件基础。数学基础部分着重介绍了将会在第 4 章应用的空间坐标系变换，以及将会在第 6 章应用的非线性方程求根的二分法、菲涅耳函数数值计算两种数值计算方法。本书采用 MATLAB 进行分析、计算、建模、仿真，所以软件基础部分主要介绍了 MATLAB 的几个相关专题。

农机自动驾驶系统划分为三大部分：感知、控制、执行。由于感知与执行部分由各自领域的公司开发，提供给系统方标准组件，所以农机自动驾驶系统的核心研究内容在于控制部分的模型、算法等。在第 3 章简要地介绍感知与执行技术，主要偏向它们的原理及应用。

通过系统总体架构图可知，控制器（ECU）利用位姿信息(x, y, β, γ)计算α_c的过程不那么明显，本书将在第 4、5、6、7 章详细介绍这一过程。其中，第 4 章讲述感知传感器如何建立在车辆模型上，为控制算法提供有效控制输入量；第 5 章讲述使用经典控制的方法研究车辆转向控制算法；第 6 章建立精确的车辆行驶模型，使用现代控制技术求解路径规划问题；第 7 章是第 6 章的程序实现。

第 2 章　数学基础和软件基础

2.1　空间坐标系变换

本节给出描述空间直角坐标系变换的齐次变换矩阵。空间直角坐标系变换包含旋转和平移两部分，描述旋转可以用一个 3×3 的旋转矩阵，描述平移可用一个 3×1 的平移向量，使用旋转矩阵和平移向量可以定义 4×4 的齐次变换矩阵。

先介绍旋转，空间坐标系关系如图 2-1 所示，直角坐标系$\{B\}$的 3 个单位主矢量 $\boldsymbol{x}_B, \boldsymbol{y}_B, \boldsymbol{z}_B$ 相对于直角坐标系$\{A\}$的方向余弦组成 3×3 矩阵

$$^A_B\boldsymbol{R} = \begin{bmatrix} ^A\boldsymbol{x}_B, & ^A\boldsymbol{y}_B, & ^A\boldsymbol{z}_B \end{bmatrix}$$

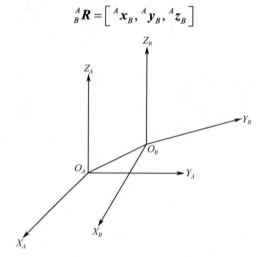

图 2-1　空间坐标系关系

该矩阵描述了坐标系$\{B\}$相对于$\{A\}$的方位，我们称其为坐标系$\{B\}$相对于$\{A\}$的旋转矩阵。旋转矩阵$^A_B\boldsymbol{R}$有 9 个元素，但 3 个列矢量$^A\boldsymbol{x}_B, ^A\boldsymbol{y}_B, ^A\boldsymbol{z}_B$均为单位主矢量且两两垂直，所以有 6 个正交约束条件

$$\|{}^A\boldsymbol{x}_B\| = \|{}^A\boldsymbol{y}_B\| = \|{}^A\boldsymbol{z}_B\| = 1$$

$$^A\boldsymbol{x}_B \cdot {}^A\boldsymbol{y}_B = {}^A\boldsymbol{y}_B \cdot {}^A\boldsymbol{z}_B = {}^A\boldsymbol{z}_B \cdot {}^A\boldsymbol{x}_B = 0$$

故 ${}^A_B\boldsymbol{R}$ 只含有 3 个独立元素。${}^A_B\boldsymbol{R}$ 为正交矩阵，并且 ${}^A_B\boldsymbol{R}^{-1} = {}^A_B\boldsymbol{R}^{\mathrm{T}}$，$|{}^A_B\boldsymbol{R}| = 1$。

绕 X、Y、Z 轴旋转 δ 的旋转矩阵分别为

$$\boldsymbol{R}(x,\delta) = \begin{bmatrix} 1 & 0 & 0 \\ 0 & \cos\delta & -\sin\delta \\ 0 & \sin\delta & \cos\delta \end{bmatrix}, \boldsymbol{R}(y,\delta) = \begin{bmatrix} \cos\delta & 0 & \sin\delta \\ 0 & 1 & 0 \\ -\sin\delta & 0 & \cos\delta \end{bmatrix},$$

$$\boldsymbol{R}(z,\delta) = \begin{bmatrix} \cos\delta & -\sin\delta & 0 \\ \sin\delta & \cos\delta & 0 \\ 0 & 0 & 1 \end{bmatrix}$$

对于平移，我们用一个平移向量 $\boldsymbol{p} = {}^A\boldsymbol{O}_B$ 来描述，${}^A\boldsymbol{O}_B$ 是坐标系{B}的原点在坐标系{A}中的坐标，是 3×1 的向量。

设空间中一点 P，它在坐标系{A}中的坐标为 ${}^A\boldsymbol{P}$，在坐标系{B}中的坐标为 ${}^B\boldsymbol{P}$，一般地

$$^A\boldsymbol{P} = {}^A_B\boldsymbol{R}\,{}^B\boldsymbol{P} + {}^A\boldsymbol{O}_B$$

我们还可以用齐次坐标进一步简写上式，一个 3×1 坐标向量 $[x,y,z]^{\mathrm{T}}$ 的齐次形式是 4×1 向量 $[x,y,z,1]^{\mathrm{T}}$，不加区分地仍用 ${}^A\boldsymbol{P}$、${}^B\boldsymbol{P}$ 表示齐次坐标，则有

$$^A\boldsymbol{P} = {}^A_B\boldsymbol{T}\,{}^B\boldsymbol{P}$$

其中，${}^A_B\boldsymbol{T}$ 为 4×4 齐次变换矩阵

$$^A_B\boldsymbol{T} = \begin{bmatrix} {}^A_B\boldsymbol{R} & {}^A\boldsymbol{O}_B \\ 0\ \ 0\ \ 0 & 1 \end{bmatrix}$$

这里，向量的左上角与矩阵的左下角均为 B，可以看作相互抵消，只剩左上角标 A。

2.2 关键计算技术

本节介绍将要在第 6 章中起到关键作用的两个计算技术，读者可以参考数值计算方法和特殊函数理论。

2.2.1 非线性方程求根的二分法

连续函数零点定理：$f(x)$ 在区间 $[a,b]$ 上连续，若 $f(a)f(b) < 0$，即函数值异号，

则至少存在一点 $\xi \in (a,b)$，使得 $f(\xi) = 0$。

非线性方程 $f(x) = 0$ 求根的二分法利用连续函数零点定理，每次把区间二等分，选择两个等分区间中有根的区间，舍去无根的区间，每次二等分区间缩半，从而逼近零点。

记 $a_1 = a$，$b_1 = b$，令 $x_1 = \dfrac{a_1 + b_1}{2}$，则：

① 若 $f(x_1) = 0$，则找到了零点 $\xi = x_1$，$f(\xi) = 0$。

② 若 $f(x_1) \ne 0$，则 $f(x_1)$ 必定与 $f(a_1)$ 和 $f(b_1)$ 中的一个异号，于是，可以判断根是位于 $[a_1, x_1]$ 还是 $[x_1, b_1]$，不管哪种情况，我们都可以记为 $[a_2, b_2]$，新区间缩半。

反复执行这一过程，可以得到区间套

$$[a_1, b_1] \supset [a_2, b_2] \supset \cdots \supset [a_k, b_k] \supset \cdots$$

简单地，$b_k - a_k = \dfrac{b-a}{2^{k-1}}$，$x_k = \dfrac{a_k + b_k}{2}$。在二分了 k 次后，得到新区间 $[a_{k+1}, b_{k+1}]$。显然，x_{k+1} 与零点 ξ 的差距小于或等于 $[a_{k+1}, b_{k+1}]$ 区间长度的一半，即

$$|x_{k+1} - \xi| \le b_{k+1} - a_{k+1} = \dfrac{b-a}{2^k}$$

ε 为允许误差，求解

$$\dfrac{b-a}{2^k} \le \varepsilon$$

得到

$$k \ge \log_2 \dfrac{b-a}{\varepsilon}$$

总结二分法算法如下：

① 给定初始区间 $[a,b]$，满足 $f(a)f(b) < 0$，允许误差 ε。

② 取 $c = \dfrac{a+b}{2}$，计算 $f(c)$。

③ 当 $f(c) = 0$ 时，则 $\xi = c$，终止循环。

当 $f(a)f(c) < 0$ 时，若 $c - a > 2\varepsilon$，则 $b = c$，回到（1）循环；若 $c - a \le 2\varepsilon$，则 $\xi \approx \dfrac{a+c}{2}$，终止循环。

当 $f(c)f(b) < 0$ 时，若 $b - c > 2\varepsilon$，则 $a = c$，回到（1）循环；若 $b - c \le 2\varepsilon$，则 $\xi \approx \dfrac{b+c}{2}$，终止循环。

【例】求解 $\cos x = x$，允许误差 $\varepsilon = 0.001$。函数 $y = \cos x$，$y = x$ 图像如图 2-2 所示。

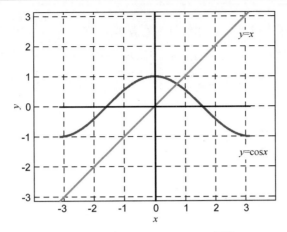

图 2-2 函数 $y = \cos x$，$y = x$ 图像

解：设 $f(x) = \cos x - x$，区间 $[a,b] = [0,1]$，$f(0) = 1$，$f(1) = \cos 1 - 1$，满足

$$f(0)f(1) = \cos 1 - 1 < 0$$

二分次数

$$k \geq \log_2 \frac{b-a}{\varepsilon} = \log_2 1000 \approx 9.96$$

于是 k 取 10 次，采用二分法求解的过程如表 2-1 所示。

表 2-1 二分法求解过程

k	a	b	c	f(a)	f(b)	f(c)
1	0	1	0.5	1	-0.4597	0.3776
2	0.5	1	0.75	0.3776	-0.4597	-0.0183
3	0.5	0.75	0.625	0.3776	-0.0183	0.1860
4	0.625	0.75	0.6875	0.1860	-0.0183	0.0853
5	0.6875	0.75	0.7188	0.0853	-0.0183	0.0339
6	0.7188	0.75	0.7344	0.0338	-0.0183	0.0078
7	0.7344	0.75	0.7422	0.0078	-0.0183	-0.0052
8	0.7344	0.7422	0.7383	0.0078	-0.0052	0.0013
9	0.7383	0.7422	0.7402	0.0013	-0.0052	-0.0020
10	0.7383	0.7402	0.7392	0.0013	-0.0019	-2.7593e-004

于是取

$$\xi \approx \frac{a+c}{2} = \frac{0.7383 + 0.7392}{2} = 0.7388$$

真实解为 0.73908，误差为 0.7388–0.73908 = –2.8e–004。

二分法是一种比较简单的非线性方程解法，它只要求函数连续，没有函数可微的要求，计算也较为简单，非常便于程序实现，我们在第 6 章中会用到它。除此之外，非线性方程求解还有牛顿法、割线法，这两种方法收敛均较二分法快。其中，牛顿法需要函数求导，割线法是牛顿法的简化方法，读者可自行查阅文献了解。

2.2.2 菲涅耳函数数值计算

在第 6 章中，我们会遇到如下形式的积分

$$I_F = \int_a^b \sin(\alpha x^2 + \beta x + \gamma) dx$$

这被称为菲涅耳函数或菲涅耳积分。由于我们对快速、少量地计算这样的积分近似值比对菲涅耳函数理论本身感兴趣得多，因此，我们只讨论其数值计算。数值积分的计算方法有很多种，如梯形方法、辛普森 1/3 方法、辛普森 3/8 方法、布尔方法、牛顿-科茨方法、龙贝格外推方法等。其中，辛普森 1/3 方法是非常简单实用并且具有较高精度的方法，辛普森 1/3 方法对于第 6 章的应用是最合适的。

考察积分 $I = \int_a^b f(x)dx$，则：

① 用过一点 $\left[\dfrac{a+b}{2}, f\left(\dfrac{a+b}{2}\right)\right]$ 的水平直线来代替 $f(x)$，即得到中点公式，如图 2-3 所示。

$$I = \int_a^b f(x)dx \approx S_{矩形} = (b-a)f\left(\dfrac{a+b}{2}\right)$$

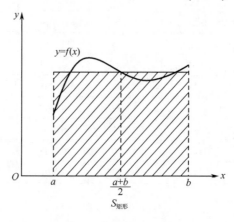

图 2-3　中点公式示意图

② 用过两点 $[a, f(a)]$ 与 $[b, f(b)]$ 的斜线来代替 $f(x)$，即得到梯形公式，如图 2-4

所示。

$$I = \int_a^b f(x)\mathrm{d}x \approx S_{梯形} = \frac{b-a}{2}[f(a)+f(b)]$$

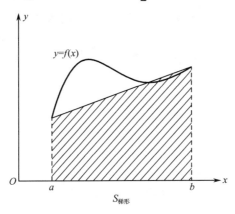

图 2-4 梯形公式示意图

③ 用过三点 $[a,f(a)]$、$\left[\dfrac{a+b}{2},f\left(\dfrac{a+b}{2}\right)\right]$、$[b,f(b)]$ 的抛物线来代替 $f(x)$，即得到抛物线公式（也称辛普森公式），如图 2-5 所示。

$$I = \int_a^b f(x)\mathrm{d}x \approx S_{抛物线} = \frac{b-a}{6}\left[f(a)+4f\left(\frac{a+b}{2}\right)+f(b)\right]$$

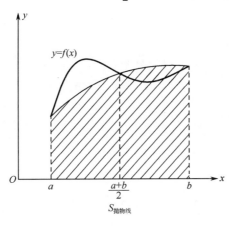

图 2-5 抛物线公式示意图

3 种近似公式的误差项分别为

中点公式： $\dfrac{1}{24}(b-a)^3 f''(\xi_\mathrm{M})$

梯形公式： $-\dfrac{1}{12}(b-a)^3 f''(\xi_\mathrm{T})$

辛普森公式：$-\dfrac{1}{2880}(b-a)^5 f^{(4)}(\xi_S)$

其中，$\xi \in (a,b)$。

下面我们介绍积分公式的复合。将积分区间 $[a,b]$ 等分为 n 份，即 $h=\dfrac{b-a}{n}$，共计 $n+1$ 个节点：$x_i = a+ih, (i=0,1,\cdots,n)$。对区间 $[x_i, x_{i+1}]$ 上的积分 $\int_{x_i}^{x_{i+1}} f(x)\mathrm{d}x$ 采用辛普森公式

$$\int_{x_i}^{x_{i+1}} f(x)\mathrm{d}x$$
$$\approx \dfrac{x_{i+1}-x_i}{6}\left[f(x_i)+4f\left(\dfrac{x_i+x_{i+1}}{2}\right)+f(x_{i+1})\right]$$
$$= \dfrac{h}{6}\left[f(x_i)+4f\left(x_i+\dfrac{h}{2}\right)+f(x_{i+1})\right]$$

即

$$\int_{x_i}^{x_{i+1}} f(x)\mathrm{d}x \approx \dfrac{h}{6}\left[f(x_i)+4f\left(x_i+\dfrac{h}{2}\right)+f(x_{i+1})\right]$$

对两边按照 $i=0,1,\cdots,n-1$ 进行 n 项求和

$$I = \int_a^b f(x)\mathrm{d}x \approx \dfrac{h}{6}\sum_{i=0}^{n-1}\left[f(x_i)+4f\left(x_i+\dfrac{h}{2}\right)+f(x_{i+1})\right]$$
$$= \dfrac{h}{6}\left[f(a)+4\sum_{i=0}^{n-1} f\left(x_i+\dfrac{h}{2}\right)+2\sum_{i=1}^{n-1} f(x_i)+f(b)\right]$$

这就是复合辛普森公式，其误差项为

$$-\dfrac{1}{2880 n^4}(b-a)^5 f^{(4)}(\eta), \eta \in (a,b)$$

下面我们将复合辛普森公式应用到菲涅耳积分 $I_F = \int_a^b \sin(\alpha x^2+\beta x+\gamma)\mathrm{d}x$ 上。

$$f(x) = \sin(\alpha x^2+\beta x+\gamma)$$

则

$$I_F = \int_a^b \sin(\alpha x^2+\beta x+\gamma)\mathrm{d}x \approx \dfrac{h}{6}\left[f(a)+4\sum_{i=0}^{n-1} f\left(x_i+\dfrac{h}{2}\right)+2\sum_{i=1}^{n-1} f(x_i)+f(b)\right]$$

【例】求 $I_F = \int_a^b \sin(\alpha t^2+\beta t+\gamma)\mathrm{d}t$，其中，$a=0$，$b=4$，$\alpha=-0.2$，$\beta=1.4$，$\gamma=1$。函数 $f(x) = \sin(-0.2x^2+1.4x+1)$ 在区间 $[0,4]$ 上的图像如图 2-6 所示。

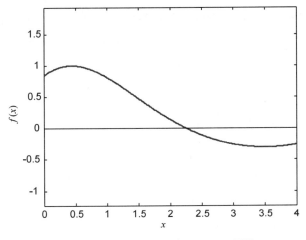

图 2-6　$f(x)=\sin(-0.2x^2+1.4x+1)$ 图像

解：用 MATLAB 编写如下程序。

```
clear all,close all,clc
a=0;b=4;alpha=-0.2;beta=1.4;gamma=1;

%f(x)函数图像
xt=a:0.01:b;
yt=sin(alpha*xt.^2+beta*xt+gamma);
plot(xt,yt,'b-','linewidth',2),hold on,axis equal
plot([a b],[0 0],'r-','linewidth',1)

n=3;%n 等分
h=(b-a)/n;
syms x
for i=1:n+1
    x(i)=a+(i-1)*h;%节点
    f(i)=sin(alpha*x(i)^2+beta*x(i)+gamma);%节点函数值
    fm(i)=sin(alpha*(x(i)+h/2)^2+beta*((x(i)+h/2))+gamma);%节点中点函数值
end
sum1=sum(f)-f(1)-f(n+1);
sum2=sum(fm)-fm(n+1);
Simpson=vpa((f(1)+f(n+1)+2*sum1+4*sum2)*h/6,10)%辛普森近似值
syms t
IF=vpa(int(sin(alpha*t^2+beta*t+gamma),t,a,b),10)%积分精确值
e=IF-Simpson%后验误差
```

得到

Simpson =1.033389783
IF =1.033836582
e =.446799e-3

以上只是 3 等分积分区间,就达到了很高的精度,可见辛普森方法的实用性很强。由于要计算等分节点中点的值,事实上 n 等分操作时,总共需要计算 $2n+1$ 个不同函数值。

2.3 MATLAB 常用命令

MATLAB 是优秀的科学计算软件,本书中我们用它来编程以进行分析、计算、建模、仿真等。MATLAB 中的各种命令是非常多的,为了不偏离本书的主线,我们简要地介绍以下几个主题:矩阵、函数、画图、帮助系统。

2.3.1 矩阵及其运算

1. 矩阵定义

MATLAB 的基本数据类型是矩阵,矩阵 $A = \begin{bmatrix} 1 & 3 & 5 \\ 2 & 4 & 6 \end{bmatrix}$ 在 MATLAB 中的一般写法是

```
A=[1,3,5;2,4,6]
```

或

```
A=[1 3 5;2 4 6]
```

或

```
A=[1 3 5;
   2 4 6]
```

输出

```
A =
     1     3     5
     2     4     6
```

如果在末尾加分号";",则不显示输出结果。

向量也是矩阵,分为行向量与列向量,行向量是 1 行 n 列的向量,列向量是 n 行 1 列的向量,行向量 $a = \begin{bmatrix} 1 & 2 & 3 & 4 \end{bmatrix}$ 的写法是

```
a=[1,2,3,4]
```

或

a=[1 2 3 4]

输出

a =
    1   2   3   4

这里 *a* 正好是等差数列，等差数列构成的行向量在 MATLAB 中还可以这样写

a=1:1:4

表示从 1 开始，步长为 1，到 4 结束的行向量，当步长为 1 时也可以省略，简写成

a=1:4

列向量 $\boldsymbol{b}=\begin{bmatrix}1\\2\\3\\4\end{bmatrix}$ 的写法是

b=[1;2;3;4]

输出

b =
    1
    2
    3
    4

2．矩阵运算

矩阵 ***A*** 和矩阵 ***B*** 均为 $m\times n$ 型矩阵，可以直接进行加、减运算。例如，*A*=[1 3 5;2 4 6]，*B*=[4 6 8;3 6 9]，则"A+B"输出

ans =
    5   9   13
    5   10   15

"A-B"输出

ans =
   −3   −3   −3
   −1   −2   −3

对于矩阵 $A_{m×n}$ 和矩阵 $B_{n×p}$，可进行矩阵乘法运算。例如，A=[1 3 5;2 4 6]，B=[1 2 3 4 5;2 3 4 5 6;3 4 5 6 7]，则"A*B"输出

```
ans =
    22   31   40   49   58
    28   40   52   64   76
```

矩阵的除法："A\B"求出满足方程 $AX = B$ 的矩阵 X，"A/B"求出满足方程 $XB = A$ 的矩阵 X。

矩阵的转置：A 矩阵的转置矩阵为"A'"，例如，A=[1 3 5;2 4 6]，

```
A'
ans =
    1   2
    3   4
    5   6
```

矩阵的元素操作：例如，A=[1 3 5;2 4 6]，则 A 的第 2 行第 3 列元素为

```
A(2,3)
ans =
    6
```

"A(1,:)"表示矩阵 A 的第 1 行所构成的行向量

```
ans =
    1   3   5
```

"A(:,2)"表示矩阵 A 的第 2 列所构成的列向量

```
ans =
    3
    4
```

也可以修改矩阵中的元素，例如

```
A(2,3)=100
A =
    1   3   5
    2   4   100
```

"numel(A)"表示矩阵 A 中的元素个数

```
numel(A)
ans =
    6
```

2.3.2 函数

MATLAB 中有很好用的常用函数命令。

三角函数 sin、cos、tan、cot。

例如，a=sin(pi/2)，输出

a =   1

反三角函数 asin、acos、atan、acot。

例如，b=asin(1)，输出

b =   1.5708

指数函数 exp。

例如，c=exp(3)，输出

c =   20.0855

对数函数（以自然常数 e 为底）log。

例如，d=log(2.71828)，输出

d =   1.0000

要提高数据显示位数，可以用 vpa 命令。

例如，d=vpa[log(2.71828),10]，输出。

d =0.9999993273

积分命令 int。

例如，键入命令

syms x a b
y=cos(x);
c=int(y,x,a,b)

输出

c =-sin(a)+sin(b)

微分命令 diff。

例如，键入命令

syms x
y=(cos(x))^2;
f5=diff(y,x,5)

输出函数 y 的 5 阶微分

f5 =-32*cos(x)*sin(x)

对于一般意义上的函数，我们使用 M 文件编写 function，下面介绍具体操作步骤。

创建 M 文件，M 文件中用关键字 function 定义函数，格式如下：

```
function [输出变量]=函数名(输入变量)
    函数体
end
```

保存该 M 文件，文件命名一定要用函数名。在另一个 M 文件或在命令窗口调用该函数时，首先要为输入变量赋值，然后书写

[输出变量]=函数名(输入变量)

下面我们用第 2 节中采用辛普森方法计算菲涅耳积分作为例子来说明 function 的用法。定义 fresnel_simpson 函数，表示采用 simpson 方法计算 fresnel 积分。该函数的目的是计算菲涅耳积分 $I_F = \int_a^b \sin(\alpha x^2 + \beta x + \gamma) \mathrm{d}x$，输入变量依次为 a，b，α，β，γ，输出为采用 simpson 方法计算的近似积分值 I_simpson。

fresnel_simpson.m

```
function [I_simpson]=fresnel_simpson(a_f,b_f,alpha_f,beta_f,gamma_f)
n=3;%n 等分
h=(b_f-a_f)/n;
syms x
for i=1:n+1
    x(i)=a_f+(i-1)*h;%节点
    f(i)=sin(alpha_f*x(i)^2+beta_f*x(i)+gamma_f);%节点函数值
    fm(i)=sin(alpha_f*(x(i)+h/2)^2+beta_f*((x(i)+h/2))+gamma_f);%节点中点函数值
end
sum1=sum(f)-f(1)-f(n+1);
sum2=sum(fm)-fm(n+1);
I_simpson=vpa((f(1)+f(n+1)+2*sum1+4*sum2)*h/6,6);%辛普森近似值
I_simpson=double(I_simpson);
end
```

第 2 节中的实例：求 $I_F = \int_a^b \sin(\alpha t^2 + \beta t + \gamma) \mathrm{d}t$，$a=0$，$b=4$，$\alpha=-0.2$，$\beta=1.4$，$\gamma=1$。我们调用 fresnel_simpson 函数来计算 I_F，在命令窗口输入

```
a_f=0;b_f=4;alpha_f=-0.2;beta_f=1.4;gamma_f=1;
[I_simpson]=fresnel_simpson(a_f,b_f,alpha_f,beta_f,gamma_f)
```

回车，得到 I_F 的数值

I_simpson =   1.0334

function 的作用在于可以定义各种函数，调用方便。

2.3.3 画图

MATLAB 用于二维画图常用的命令是 plot，三维点图用 plot3，三维曲面用 surf、

meshgrid 等。

1. plot 的用法

【例】绘制余弦函数 $\alpha=\cos\theta$ 在 $[0,2\pi]$ 上的图像。

```
theta=0:0.1:2*pi;
alpha=cos(theta);
plot(theta,alpha,'r-o','linewidth',2,'MarkerSize',5,'MarkerEdgeColor','c','MarkerFaceColor','b')
```

运行结果如图 2-7 所示。

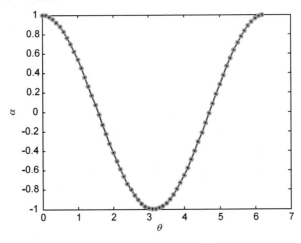

图 2-7　函数 $\alpha=\cos\theta$ 图像

plot 画图命令为

```
plot(theta,alpha,'r-o','linewidth',2,'MarkerSize',5,'MarkerEdgeColor','c','MarkerFaceColor','b')
```

① theta,alpha：数据点列的 x，y 坐标构成的行向量（列向量也可以）。
② 'r-o'：r 表示线型的颜色为 red，-表示线型为实线，o 表示数据点标记为圆圈。
③ 'linewidth',2：定义了线型的粗细为 2。
④ 'MarkerSize',5：定义了标记点的大小为 5。
⑤ 'MarkerEdgeColor','c'：定义了标记点轮廓的颜色为青色。
⑥ 'MarkerFaceColor','b'：定义了标记点填充的颜色为蓝色。

常用线型颜色如表 2-2 所示，常用线型如表 2-3 所示，常用点标记如表 2-4 所示。

表 2-2　常用线型颜色

符号	r	g	b	c	m	y	k
颜色	红色	绿色	蓝色	青色	品红	黄色	黑色

表 2-3 常用线型

符号	-	--	:	-.	
线型	实线	虚线	点线	点划线	无线条

表 2-4 常用点标记

符号	o	*	.	+	x	s	d
标记	圆圈	星号	点	加号	叉号	方形	菱形
符号	^	v	>	<	p	h	
标记	上三角	下三角	右三角	左三角	五角形	六角形	无标记

绘制多条函数曲线可以在同一条 plot 命令中完成（或用 hold on 命令分别绘制）：

```
syms theta
theta=0:0.1:2*pi;
alpha=cos(theta);
beta=sin(theta);
gamma=sin(0.5*theta);
plot(theta,alpha,'r-o',theta,beta,'b-*',theta,gamma,'g-s')
legend('\alpha','\beta','\gamma')%曲线名称标注
grid on%加上网格
axis equal%x,y 轴坐标比例相等
xlabel('\theta')%x 轴标注
ylabel('y')%y 轴标注
title('\alpha \beta \gamma 函数曲线')%标题
```

其中，\theta 可以给出希腊字母 θ，其他类似。figure 命令打开新的图形窗口，close 命令关闭最新的图形窗口，close all 命令关闭全部图形窗口。多条函数曲线 plot 绘制如图 2-8 所示。

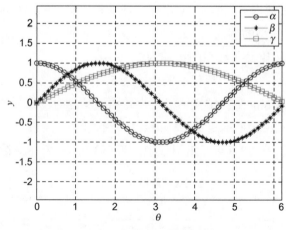

图 2-8 多条函数曲线 plot 绘制

2. plot3 的用法

三维点图采用 plot3，下面的程序绘制出螺旋线的图像，如图 2-9 所示。

$$\begin{cases} x = t \\ y = t\sin t \\ z = t\cos t \end{cases}$$

```
i=1;dt=0.1;
for i=1:1000
    t=i*dt;
    A(i,:)=[t,t*sin(t),t*cos(t)];%定义螺旋线
end
plot3(A(:,1),A(:,2),A(:,3),'r-o','linewidth',2,'MarkerSize',5,'MarkerEdgeColor','g','MarkerFaceColor','b')
grid on
```

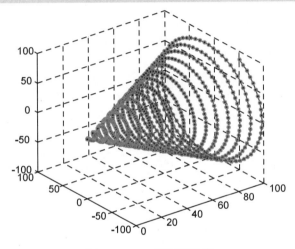

图 2-9 plot3 绘制螺旋线

3. surf、meshgrid 的用法

三维曲面图采用 surf、meshgrid 命令。

先介绍 meshgrid 命令：

```
x=-10:10;
y=-10:10;
[X,Y]=meshgrid(x,y);
plot(X,Y,'bo')
axis([-15 15 -15 15]),axis equal,grid on
```

meshgrid 是为了得到平面点阵的 x、y 坐标构成的矩阵 **X**、**Y**，meshgrid 用法示意图如图 2-10 所示。

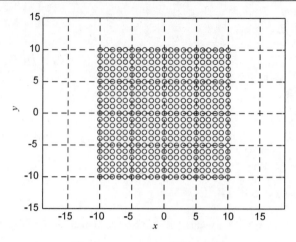

图 2-10 meshgrid 用法示意图

surf 用在 meshgrid 后面,例如,绘制 $z=\sqrt{x^2+y^2}$ 在 $[-20,20]\times[-20,20]$ 区域上的图像:

```
x=-20:20;
y=-20:20;
[X,Y]=meshgrid(x,y);
Z=sqrt(X.^2+Y.^2);
surf(X,Y,Z)
grid on
```

注意:这里 X.^2 中的点号不能省略,表示分量运算。surf 命令绘制的曲面如图 2-11 所示。

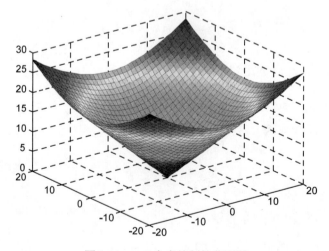

图 2-11 surf 命令绘制的曲面图

2.3.4 帮助系统

MATLAB 的帮助系统是非常有用的，直接在命令窗口键入"help"后回车，会显示当前 MATLAB 所含有的工具箱：

```
help
HELP topics:
Documents\MATLAB          - (No table of contents file)
matlab\general            - General purpose commands.
matlab\ops                - Operators and special characters.
matlab\lang               - Programming language constructs.
matlab\elmat              - Elementary matrices and matrix manipulation.
matlab\elfun              - Elementary math functions.
……
```

例如，我们继续打开 elfun 基础数学函数工具箱：

```
help elfun
    Elementary math functions.
    Trigonometric.
        sin            - Sine.
        sind           - Sine of argument in degrees.
        sinh           - Hyperbolic sine.
asin                   - Inverse sine.
……
```

可以看到很多基础函数。

在使用 MATLAB 编程时，对于陌生的命令，可以直接用 help 命令找到该命令的定义、用法等，另外在 CSDN 等网站上也有大量 MATLAB 相关的文档，读者可以自行参考。

第 3 章　感知与执行技术

3.1　感知技术 1：RTK 技术基础

3.1.1　大地测量坐标系

在自动驾驶系统中，我们研究自动驾驶路径的数学描述（如直线 AB 的方程）、车身坐标系的三维刚体运动、地形的起伏描述等，使用 RTK 的基准站处建立的基站坐标系（站心坐标系 ENU），基站坐标系的建立是有背景的，本节旨在能够深入浅出地讲解基站坐标系的由来。

大地测量学是在一定的时间-空间参考系统中，测量和描绘地球及其他行星体的一门学科。下面简要地将大地测量中 3 种基本的坐标系系统地介绍给大家。

1. WGS-84 大地坐标系：$\{\phi, \lambda, h\}$

地球坐标系用于研究地球上物体的定位与运动，是以旋转椭球为参照体建立的坐标系统，分为大地坐标系和空间直角坐标系两种形式。P 点子午面与零点子午面所构成的二面角 λ，叫作 P 点的大地经度。P 点法线与赤道面的夹角 ϕ，叫作 P 点的大地纬度。如果 P 点不在椭球面上，则 P 点到椭球面的法向距离 h，叫作 P 点的大地高度。

美国国防部于 1984 年公布的世界大地坐标系 WGS-84 是一个协议地球参考系（CTS）。该坐标系的原点是地球的质心，Z 轴指向 BIH1984.0 定义的协议地球极（CTP）方向，X 轴指向 BIH1984.0 零度子午面和 CTP 对应的赤道的交点，Y 轴与 Z 轴、X 轴构成右手坐标系。WGS-84 大地坐标系是 GPS 卫星所发布的广播星历的坐标参照基准。采用参数：地球椭球面长半轴 a=6378137.000m，短半轴 b=6356752.314m，扁率为 0.00335281066474。

2. 地心地固坐标系（ECEF）：{X,Y,Z}

地心地固坐标系（ECEF，Earth-Centered，Earth-Fixed），即地球坐标系的空间直角坐标系形式，可根据 WGS-84 大地坐标系 $\{\phi,\lambda,h\}$ 推导而来

$$\begin{bmatrix} X \\ Y \\ Z \end{bmatrix} = \begin{bmatrix} (N+h)\cos\phi\cos\lambda \\ (N+h)\cos\phi\sin\lambda \\ [N(1-e^2)+h]\sin\phi \end{bmatrix}$$

其中，$N = \dfrac{a}{\sqrt{1-e^2\sin^2\phi}}$，离心率 $e = \sqrt{1-\dfrac{b^2}{a^2}}$。

3. 站心坐标系：{E, N, U}

站心坐标系即第 4 章的基站坐标系。P 点为椭球面附近一点，以 P 点为参考原点，E 向（东向）为 x 轴，N 向（北向）为 y 轴，P 点法向指向天空为 z 轴，得到站心坐标系（ENU）。Q 点为 P 点附近一点，则 Q 点在站心坐标系中的坐标为

$$\begin{bmatrix} e_Q \\ n_Q \\ u_Q \end{bmatrix} = \begin{bmatrix} -\sin\lambda & \cos\lambda & 0 \\ -\sin\phi\cos\lambda & -\sin\phi\sin\lambda & \cos\phi \\ \cos\phi\cos\lambda & \cos\phi\sin\lambda & \sin\phi \end{bmatrix} \begin{bmatrix} X_Q - X_P \\ Y_Q - Y_P \\ Z_Q - Z_P \end{bmatrix}$$

其中，由 P 点的大地经度 λ、大地纬度 ϕ、高度 h 可计算得到 X_P、Y_P、Z_P；同理，由 Q 点的大地坐标可计算得到 X_Q、Y_Q、Z_Q。

WGS-84 大地坐标系、地心地固坐标系、站心坐标系三种坐标系如图 3-1 所示。

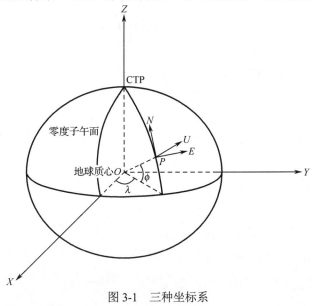

图 3-1　三种坐标系

3.1.2　GPS 定位原理

GPS 定位原理如图 3-2 所示,其中有 3 种时间,分别为 GPS 时间、接收机时钟和卫星时钟,这 3 种时间常常不同步。卫星 s 在其自身卫星时钟 $t^{(s)}$ 时刻发射出某一信号,这个 $t^{(s)}$ 时刻即为 GPS 信号发射时间,接收机接收到该信号时,其自备时钟读数 t_u 为 GPS 信号接收时间。t_u 对应 GPS 时间 t,记为 $t_u(t)$。将此时接收机时钟超前 GPS 时间的量称为接收机时钟钟差,记为 $\delta t_u(t)$,为未知量。

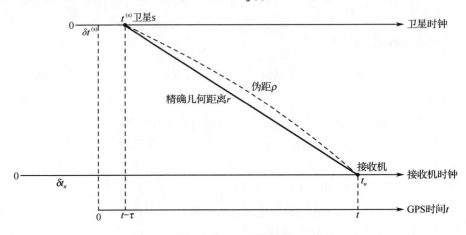

图 3-2　GPS 定位原理

于是

$$t_u(t) = t + \delta t_u(t)$$

卫星时钟超前 GPS 时间的量称为卫星时钟钟差,记为 $\delta t^{(s)}$,为可求量,GPS 时间 t 对应的卫星时间为 $t^{(s)}(t)$,于是有

$$t^{(s)}(t) = t + \delta t^{(s)}(t)$$

GPS 信号从卫星到接收机的实际传播时间为 τ,则在 GPS 时间下,信号实际发射时刻为 $t-\tau$,对应的卫星时间为 $t^{(s)}(t-\tau)$,将上式的变量 t 替换为 $t-\tau$ 得到

$$t^{(s)}(t-\tau) = t - \tau + \delta t^{(s)}(t-\tau)$$

人为定义伪距 $\rho(t)$ 为接收机时间 $t_u(t)$ 与信号发射时卫星时间 $t^{(s)}(t-\tau)$ 之差乘以真空光速 c,即

$$\rho(t) = c[t_u(t) - t^{(s)}(t-\tau)]$$

将 $t_u(t)$、$t^{(s)}(t-\tau)$ 表达式代入 $\rho(t)$ 得到

$$\rho(t) = c\tau + c[\delta t_u(t) - \delta t^{(s)}(t-\tau)]$$

注意，其中出现了 $c\tau$，电磁波在大气层中的实际传播速度小于真空光速 c，τ 可理解为由两部分组成：一是信号以真空光速 c 穿过卫星与接收机之间精确几何距离 $r(t-\tau,t)$ 所需时间，二是大气折射造成的传播延时 [又分为电离层延时 $I(t)$ 和对流层延时 $T(t)$]，即

$$\tau = \frac{r(t-\tau,t)}{c} + I(t) + T(t)$$

其中，$I(t)$、$T(t)$ 为可求量。代入伪距 $\rho(t)$ 得到

$$\rho(t) = r(t-\tau,t) + cI(t) + cT(t) + c[\delta t_u(t) - \delta t^{(s)}(t-\tau)] + \varepsilon_\rho(t)$$

其中，$\varepsilon_\rho(t)$ 为新引入的伪距测量噪声，代表了所有未直接体现在上式中的误差总和。

从上式可知伪距 $\rho(t)$ 确实不是真正的精确几何距离 $r(t-\tau,t)$，其含有电离层延时、对流层延时、接收机时钟钟差、卫星时钟钟差等误差。

在清楚上式括号中的时刻的情况下，将上式简写为

$$\rho = r + cI + cT + c[\delta t_u - \delta t^{(s)}] + \varepsilon_\rho$$

该式为伪距观测方程式，这就是 GPS 定位的基本方程式。式中，I、T、δt_u、$\delta t^{(s)}$ 均为时间量纲，将 I、T、δt_u、$\delta t^{(s)}$ 定为长度量纲，长度量纲的 I、T、δt_u、$\delta t^{(s)}$ 与时间量纲的 I、T、δt_u、$\delta t^{(s)}$ 乘数因子为真空光速 c，以下公式中所用均为长度量纲，于是有

$$\rho = r + I + T + \delta t_u - \delta t^{(s)} + \varepsilon_\rho$$

其中，I、T、$\delta t^{(s)}$ 均为可求量，在这里不多加介绍，均视为已知。将 I、T、$\delta t^{(s)}$ 移项到伪距 ρ 一边，得到

$$\rho - I - T + \delta t^{(s)} = r + \delta t_u + \varepsilon_\rho$$

定义校正后的伪距测量值

$$\rho_c = \rho - I - T + \delta t^{(s)}$$

于是

$$r + \delta t_u = \rho_c - \varepsilon_\rho$$

上式将未知量 r、δt_u 移到等号左边，将已知的测量值 ρ_c 移到等号右边。

下面，利用 $r + \delta t_u = \rho_c - \varepsilon_\rho$ 进行 GPS 定位求解。假设接收机可接收 N 个卫星发射的信号，我们得到一组校正后的伪距测量值 $\rho_c^{(1)}, \rho_c^{(2)}, \cdots, \rho_c^{(N)}$，接收机距离每个卫星的精确几何距离为 $r^{(1)}, r^{(2)}, \cdots, r^{(N)}$，伪距测量噪声 $\varepsilon_\rho^{(1)}, \varepsilon_\rho^{(2)}, \cdots, \varepsilon_\rho^{(N)}$，但接收机时钟钟差 δt_u 是接收机相对于 GPS 时间的，因此其值唯一。根据 $r + \delta t_u = \rho_c - \varepsilon_\rho$，得到

$$r^{(i)} + \delta t_u = \rho_c^{(i)} - \varepsilon_\rho^{(i)}, \quad i = 1, 2, \cdots, N$$

在空间直角坐标系中，卫星 i 的坐标为 $[x^{(i)}, y^{(i)}, z^{(i)}]^T$（可根据其播发的星历计算得到），接收机的坐标为 $[x, y, z]^T$，于是

$$r^{(i)} = \sqrt{[x^{(i)} - x]^2 + [y^{(i)} - y]^2 + [z^{(i)} - z]^2}$$

进而得到

$$\sqrt{[x^{(i)} - x]^2 + [y^{(i)} - y]^2 + [z^{(i)} - z]^2} + \delta t_u = \rho_c^{(i)} - \varepsilon_\rho^{(i)}$$

写成方程组

$$\begin{cases} \sqrt{[x^{(1)} - x]^2 + [y^{(1)} - y]^2 + [z^{(1)} - z]^2} + \delta t_u = \rho_c^{(1)} - \varepsilon_\rho^{(1)} \\ \sqrt{[x^{(2)} - x]^2 + [y^{(2)} - y]^2 + [z^{(2)} - z]^2} + \delta t_u = \rho_c^{(2)} - \varepsilon_\rho^{(2)} \\ \vdots \\ \sqrt{[x^{(N)} - x]^2 + [y^{(N)} - y]^2 + [z^{(N)} - z]^2} + \delta t_u = \rho_c^{(N)} - \varepsilon_\rho^{(N)} \end{cases}$$

其中，$\varepsilon_\rho^{(1)}, \varepsilon_\rho^{(2)}, \cdots, \varepsilon_\rho^{(N)}$ 原本就是引入的综合误差，在这里全部忽略，得到

$$\begin{cases} \sqrt{[x^{(1)} - x]^2 + [y^{(1)} - y]^2 + [z^{(1)} - z]^2} + \delta t_u = \rho_c^{(1)} \\ \sqrt{[x^{(2)} - x]^2 + [y^{(2)} - y]^2 + [z^{(2)} - z]^2} + \delta t_u = \rho_c^{(2)} \\ \vdots \\ \sqrt{[x^{(N)} - x]^2 + [y^{(N)} - y]^2 + [z^{(N)} - z]^2} + \delta t_u = \rho_c^{(N)} \end{cases}$$

这是一个含有 4 个未知数 x、y、z、δt_u 的方程组，只要 $N \geq 4$ 即可进行求解。如此，我们就得到了接收机的空间直角坐标系 ECEF 坐标。

3.1.3 NMEA-0183 协议

NMEA-0183 协议是美国国家海洋电子协会（NMEA）为海用电子设备制定的标准格式，现在已被广泛应用于多个领域的设备之间的数据传输。NMEA-0183 协议标准格式输出采用 ASCII 码，每个 ASCII 数据码长 8bit，串行通信波特率 4800 位/秒。下面列出 3 个常用的 NMEA 报文：GPGGA、GPNTR、GPTRA。

1. GPGGA（经纬度坐标信息）

GPGGA 范例：

$GPGGA,024941.00,3110.4693903,N,12123.2621695,E,4,14,0.6,57.0924,M,0.000,M,01,0004*55

GPGGA 报文解析如表 3-1 所示。

表 3-1 GPGGA 报文解析

编 号	名 称	描 述	符 号	举 例
1	$GPGGA	Log header	—	$GPGGA
2	utc	utc 时间	hhmmss.ss	024941.00
3	lat	纬度(DDmm.mm)：-90°～90°	llll.llllll	3110.4693903
4	latdir	纬度方向：N=北；S=南	a	N
5	lon	经度（DDDmm.mm）：-180°～180°	yyyyy.yyyyyy	12123.2621695
6	londir	经度方向：E=东；W=西	b	E
7	QF	解状态 0：无效解；1：单点定位解；2：伪距差分；4：固定解；5：浮动解	q	4
8	sat No.	卫星数	n	14
9	hdop	水平 DOP 值	x.x	0.6
10	alt	高程	h.h	57.0924
11	a-units	高程单位	M	M
12	age	差分延迟	dd	01
13	Stn ID	基站号：0000—1023，单机时：AAAA	xxxx	0004
14	*xx	Checksum	*hh	*55
15	[CR][LF]	Sentence terminator	—	[CR][LF]

2．GPNTR（与参考站的距离信息）

GPNTR 范例：

$GPNTR,024404.00,1,17253.242,+5210.449,-16447.587,-49.685,0004*40

GPNTR 报文解析如表 3-2 所示。

表 3-2　GPNTR 报文解析

编　号	名　称	描　述	符　号	举　例
1	$GPNTR	—	—	$GPNTR
2	utc	utc 时间	hhmmss.ss	024404.00
3	pos status	解状态 0：无效解； 1：单点定位解； 2：伪距差分； 4：固定解； 5：浮动解	1	1
4	distance	距离基准站斜距（m）	dddd.ddd	17253.242
5	distance in north	X 方向平距： +表示在基站北方向	dddd.ddd	+5210.449
6	distance in east	Y 方向平距： +表示在基站东方向	dddd.ddd	-16447.587
7	distance in vertical dimension	H 方向平距： +表示在基站上方 -表示在基站下方	dddd.ddd	49.685
8	Stn ID	基站号	xxxx	0004
9	*xx	Checksum	*hh	*40
10	[CR][LF]	Sentence terminator	—	[CR][LF]

3. GPTRA（方位角信息）

GPTRA 范例：

$GPTRA,063027.30,101.78,071.19,-00.00,4,10,0.00,0004*51

GPTRA 报文解析如表 3-3 所示。

表 3-3　GPTRA 报文解析

编　号	名　称	描　述	符　号	举　例
1	$GPTRA	—	—	$GPTRA
2	utc	utc 时间	hhmmss.ss	104252.00
3	heading	方向角：0°～360°	hhh.hh	044.56
4	pitch	俯仰角：-90°～90°	ppp.pp	-09.74
5	roll	横滚角：-90°～90°	rrr.rr	0

续表

编号	名称	描述	符号	举例
6	QF	解状态 0：无效解； 1：单点定位解； 2：伪距差分； 4：固定解； 5：浮动解	q	4
7	sat No.	卫星数	n	15
	age	差分延迟	dd.dd	
8	stn id	基站号	xxxx	0004
9	*xx	Checksum	*hh	*51
10	[CR][LF]	Sentence Terminator	—	[CR][LF]

在应用中，本书选用了和芯星通的 RTK 高精度定位定向板卡 UB482，UB482 板卡如图 3-3 所示。UB482 支持 BDS B1/B2 +GPS L1/L2+GLONASS L1/L2+Galileo E1/E5b 等多频点。我们采集 UB482 解算的 GPNTR、GPTRA 报文，组合成 GPATR 报文，供第 4 章车辆几何模型使用。

图 3-3　UB482 板卡

3.2　感知技术 2：角度精确测量应用

在自动驾驶系统的应用中，主要有 3 类传感器用于车轮角度的精确测量：接触式电位计、非接触式霍尔传感器和陀螺仪。接触式电位计的转轴由于长期与车轮转轴直接固定相连，对安装同轴度精度要求较高，在实际中采用较少。陀螺仪安装最简便，但需要特殊的算法来获取角度，如 Trimble 的陀螺仪算法。

在一个应用实例中，我们使用 elobau 424A17B090B 型传感器进行车轮角度测量，如图 3-4 所示，这是一款非接触式旋转磁场霍尔传感器（Non-Contacting Rotating Magnetic Field over Hallsensor）。

图 3-4　elobau 424A17B090B 型传感器

elobau 424A17B090B 型传感器为电压输出型，输出信号为 0.5～4.5V，角度测量范围为 90°，分辨率小于 0.1°，信号输出延迟 3ms，温度范围为-40～+85℃，防护等级为 IP67。elobau 424A17B090B 型传感器线性误差如表 3-4 所示。

表 3-4　elobau 424A17B090B 型传感器线性误差表

测量范围	±15°	±25°	±35°	±45°
线性误差	±0.2°	±0.4°	±1.0°	±2.0°

3.3　执行控制应用技术

自动驾驶系统要执行对车轮或者方向盘的转向驱动，一般采用电磁比例阀控制车轮转向液压系统，或者采用电机驱动方向盘转向。在实际应用中，二选一。

3.3.1　电磁比例阀控制应用

对于电磁比例阀控制应用，我们采用伊顿 Vickers 的 KDG4V-3S-33C-22A-H-M-U-G5-60 型电磁比例阀组，如图 3-5 所示。

图 3-5　KDG4V-3S-33C-22A-H-M-U-G5-60 型电磁比例阀组

KDG4V-3S-33C-22A-H-M-U-G5-60 型号解析如表 3-5 所示。

表 3-5　KDG4V-3S-33C-22A-H-M-U-G5-60 型号解析

名　称	值	描　述
阀型式	K	比例阀
阀功能	D	方向阀
安装	G	底板/集成块安装
控制	4	电磁铁控制
额定压力	V	P、A 和 B 油口为 350bar
接口	3	ISO 4401-03，CETOP 3（NFPA D03）
性能	S	标准性能
阀芯形式（中位状态）	'33	P 口关闭，A 和 B 调至 T
阀芯/弹簧配置	C	弹簧对中，双电磁铁
阀芯流量额定值	22	22L/min
节流状态	A	仅进口节流
手动操作器	H	仅电磁铁端的防水手动操作器
标识符	M	电气选项和特征
线圈形式	U	DIN 43650 插头
线圈电压额定值	G	12V 直流
油箱压力额定值	5	100bar
设计号	60	会改变

KDG4V-3S-33C-22A-H-M-U-G5-60 的阶跃响应时间如表 3-6 所示。

表 3-6 KDG4V-3S-33C-22A-H-M-U-G5-60 的阶跃响应时间

区间	描述	阶跃响应时间
0~100%	中位至阀芯全行程	100ms
0~100%	阀芯全行程至中位迅速降低	15ms
10%~90%	10%全流量至90%全流量	100ms
90%~10%	90%全流量至10%全流量	25ms
-100%~100%	沿一个方向的 100%全流量至相反方向的 100%全流量	80ms

阀芯型号 33C-22A 对应的流量增益曲线如图 3-6 所示，该款比例阀的死区约为 20%。

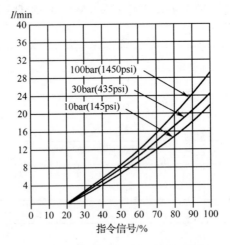

图 3-6 阀芯型号 33C-22A 对应的流量增益曲线

电磁比例阀组液压原理如图 3-7 所示。

控制器输出电流信号产生电磁力，阀芯同时受到电磁力与复位弹簧力作用，二力不平衡时，阀芯产生运动；二力平衡时，阀芯静止。电磁力是安培力（F_a），弹簧力（F_k）正比于阀芯位置，二力相等时，阀芯位置 x 正比于电流大小 i

$$\begin{cases} F_a = BiL \\ F_k = kx \\ F_a = F_k \end{cases} \Rightarrow x = \frac{BL}{k} i$$

忽略死区，阀芯的位置 x 正比于流经比例阀的流量 q，而流量 q 正比于转向油缸的活塞伸缩速度 v（$q = vS_{油缸}$，$S_{油缸}$ 是油缸横截面积），活塞伸缩速度 v 正比于车轮旋转角速度 ω，由此得到正比关系链

$$i \propto x \propto q \propto v \propto \omega$$

最终,$i \propto \omega$,即电流正比于车轮旋转角速度。

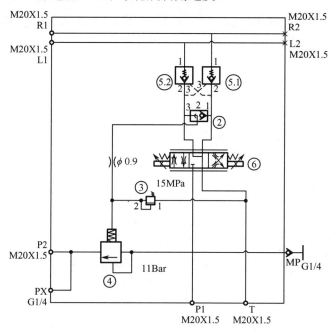

图 3-7 电磁比例阀组液压原理

接下来设计液压控制系统。输出量是电流信号 i,输入量是 $e = \alpha_c - \alpha$。需要考虑比例阀死区最小电流 $i_{\min}^l$、$i_{\min}^r$,最大电流 $i_{\max}^l$、$i_{\max}^r$,以及动态性能优化参数:正向加速曲线时间 t_l^{accel}、正向减速曲线时间 t_l^{decel}、负向加速曲线时间 t_r^{accel}、负向减速曲线时间 t_r^{decel}(在应用中正向代表左向,负向代表右向)。总体上,采用 PID 控制,写成如下公式

$$i = f_{PID}\left(e, i_{\min}^l, i_{\min}^r, i_{\max}^l, i_{\max}^r, t_l^{accel}, t_l^{decel}, t_r^{accel}, t_r^{decel}\right)$$

这里电流信号 i 数据类型设置为 INT(-32768~32767),$i > 0$ 左转,$i < 0$ 右转。在实际中,输入量 e 随时间变化,我们要设计合适的函数 f_{PID}(包括设定动态性能优化参数 t_l^{accel}、t_l^{decel}、t_r^{accel}、t_r^{decel}),并将死区最小电流 $i_{\min}^l$、$i_{\min}^r$ 标定好,选择合适的最大电流 $i_{\max}^l$、$i_{\max}^r$(根据实际需要,选择最大信号的 60%~80% 即可)。

如前所述,阀芯位移 x 正比于电流大小 i,若该电流保持不变,则阀芯位移也保持不变。当改变电流时,阀芯需要克服静摩擦,从静止状态开始运动,产生黏滞效应。黏滞效应增大了滞后,降低了阀芯的响应速度和灵敏度。为此,阀芯一旦开始工作,就需要一直将阀芯置于"微振"的状态,即便阀芯固定在一个位置,也要"似动非动",

保持动摩擦，消除静摩擦，从而改善阀芯的响应速度和灵敏度，这一过程形象地称为阀芯的颤振。在文献《脉宽调制中的颤振算法》一文中，清晰地说明了要产生阀芯颤振有两种方式：通过对原始电流信号进行脉宽调制（Pulse Width Modulation，PWM）产生寄生颤振；加入独立电流信号（如正弦信号、三角波信号等）对原始电流信号进行调制，从而产生独立颤振。

在本书的应用中，采用第一种方式。脉宽调制依靠改变脉冲宽度形成不同的驱动电流。PWM 的调制参数有两个：频率 f、占空比 D。在本书的应用中，设置 $f=100\text{Hz}$，即调制周期 $T=10\text{ms}$，在这里我们明确指出：直接电流变化的频率为 10Hz（下一章会讲到这其实是 RTK 的定位定向频率）。占空比 D 等于当前电流 i 占最大电流 $i_{\max}$ 的百分比。在 nT 时刻，当前电流为 $i(nT)$，占空比 $D=\dfrac{i(nT)}{i_{\max}}$，则在一个调制周期 $nT\sim nT+T$ 内，PWM 调制后的电流为

$$i_{\text{PWM}}=\begin{cases} i_{\max} & t\in[nT,nT+DT] \\ 0 & t\in(nT+DT,nT+T) \end{cases}$$

【例】现有电流信号：$i(n\Delta t)=\dfrac{i_{\max}}{2}\sin\left(\dfrac{\pi n\Delta t}{9}\right)+100$，其中，$i_{\max}=1000\text{mA}$，$\Delta t=100\text{ms}$，$n=0,1,\cdots,9$，绘制电流信号 $i(n\Delta t)$ 的 PWM 波图像。

解：编写 MATLAB 程序。

```
clear,close all,clc,hold on
imax=1000;%最大电流，单位 mA
t=0:100:900;
i=imax/2*sin(pi*t/900)+100;
for j=1:numel(t)
    plot([t(j) t(j)+100],[i(j) i(j)],'r-','linewidth',3);
    if j<numel(t)
        plot([t(j+1) t(j+1)],[i(j) i(j+1)],'r-','linewidth',3);
    end
end
T=10;%PWM 周期
tpwm=0:10:990;
for k=1:numel(tpwm)
    ipwm(k)=i(1+floor(k/10-0.1));
    D(k)=ipwm(k)/imax;%占空比
    f=fill([tpwm(k) tpwm(k)+D(k)*T tpwm(k)+D(k)*T tpwm(k)],[0 0 imax imax],'g','facealpha',0.5);%PWM 波形
end
xlabel('t/ms'),ylabel('i/mA'),title('直接电流波形&PWM 波形')
```

运行程序，电流信号 $i(n\Delta t)$ 的 PWM 波图像如图 3-8 所示。

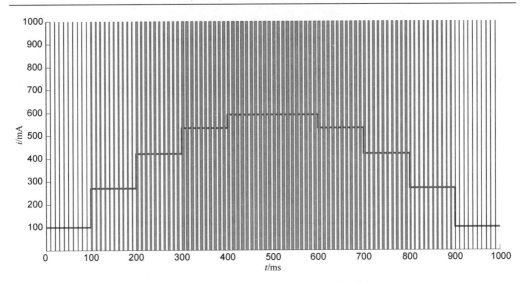

图 3-8　电流信号 $i(n\Delta t)$ 的 PWM 波图像

可见，PWM 波是通过疏密程度来表示电流大小的。PWM 波相较于直接电流有一定的颤振作用，能够改善阀芯动态响应性能。该款电磁比例阀脉宽调制产生的迟滞为 4%，而采用直接电流产生的迟滞为 8%。

3.3.2　电机控制应用

除电磁比例阀外，自动驾驶系统还可采用电机驱动方向盘的转向。可采用的电机种类繁多，如步进电机、力矩电机等。在本书的应用中，我们选择了两相步进电机和两相步进驱动器。如图 3-9 所示，选用雷赛 86HS45D、DM556-CAN。

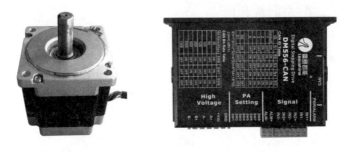

图 3-9　雷赛 86HS45D、DM556-CAN

电机转轴通过一个 2∶1 的齿轮减速箱驱动方向盘轴转动，电机及减速箱体与车架固连。通过 CAN 总线，我们直接输出转速 $\omega = j_{\text{PID}}(e)$ 到 DM556-CAN 进行转速控制。

第4章 车辆几何模型

如图 4-1 所示,本章主要内容可用下面的变量计算过程来示意。

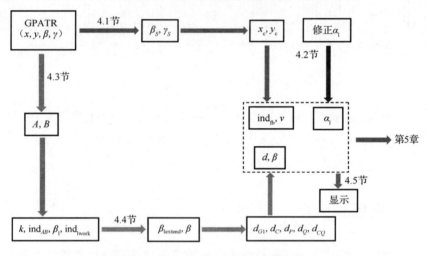

图 4-1 车辆几何模型变量计算过程

4.1 RTK-车辆模型

4.1.1 双天线 RTK-车辆模型与 GPATR 报文

RTK 基准站模型如图 4-2 所示。RTK 基准站定义为一个三维直角坐标系,用 $\{O;(E,N,U)\}$ 表示,其中, E 为东向, N 为北向, U 为天向,这样 $\{O;(E,N,U)\}$ 符合右手系。为便于后续推导,记为 $E=x$, $N=y$, $U=z$。

在车身上安装两个 GNSS 天线,GNSS1 为主天线(G_1),GNSS2 为从天线(也称副天线, G_2)。 G_1 的坐标为 (x,y,z),一般地, x 和 y 的精度能达到 $(10+10^{-6}D)$ mm,

其中，D 为移动站距离基准站的距离（单位为 mm），z 的精度为 $(20+10^{-6}D)$ mm。

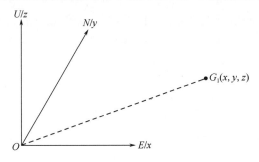

图 4-2 RTK 基准站模型

G_1 指向 G_2 的向量 G_1G_2 在 NE 平面（水平面）的投影向量 G_1G_{2NE} 与 N 向之间的顺时针夹角称为双天线 G_1G_2 的航向角，记为 β_{12}。G_1G_2 与 NE 平面的夹角称为双天线 G_1G_2 的俯仰角 γ_{12}，其符号定义为：G_1G_2 的 U 分量为正时，$\gamma_{12}>0$；G_1G_2 的 U 分量为负时，$\gamma_{12}<0$；G_1G_2 的 U 分量为 0 时，$\gamma_{12}=0$。双天线 RTK-车辆模型示意如图 4-3 所示。

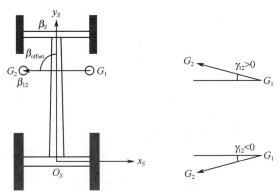

图 4-3 双天线 RTK-车辆模型示意图

一般地，β_{12} 的精度为 $0.2°/(1\text{m}$ 基线$)$，1m 基线指的是 G_1 到 G_2 的距离为 1m，γ_{12} 的精度为 $0.4°/(1\text{m}$ 基线$)$。

从图 4-3 中还可以看到，当 G_1G_2 基本垂直于车身方向，并且 G_1 位于车身右侧，G_2 位于车身左侧时，对于车身坐标系 $\{O_S;(x_S,y_S)\}$，双天线 G_1G_2 的航向角 β_{12} 与车身的前进指向 β_S 或 y_S 相差约为 90°，该未知差值为 β_{offset}，即有

$$\beta_S = \beta_{12}+\beta_{\text{offset}}$$

车身的横滚角 γ_S 正好与双天线 G_1G_2 的俯仰角 γ_{12} 相差一个由于安装造成的固定角，该固定角接近于 0，该未知角为 γ_{offset}，即有

$$\gamma_S = \gamma_{12} + \gamma_{\text{offset}}$$

由以上叙述，我们就得到了车辆的高精度位置信息（x_S, y_S, z_S）和高精度姿态信息（β_S, γ_S）。在一个具体应用中，我们仅使用 4 个参数（$x_S, y_S, \beta_S, \gamma_S$）来作为导航子系统输出给控制子系统的有效利用信息。RTK 移动站主机以 10Hz 的频率输出 GPATR 语句。

GPATR 范例：

$GPATR,022341.20,4,5.430,1.237,-5.131,1.276,4,350.09,1.52,*5F

GPATR 报文解析如表 4-1 所示。其中，航向角、俯仰角为移动站主天线指向从天线。

表 4-1　GPATR 报文解析

编号	名称	描述	符号	举例
1	$GPATR	报文头	—	$GPATR
2	utc	utc 时间	hhmmss.ss	022341.20
3	pos status	解状态 0：无效解； 1：单点定位解； 2：伪距差分； 4：固定解； 5：浮动解	1	4
4	distance	距离基准站斜距（米）	dddd.ddd	5.430
5	distance in north	X 方向平距： +表示在基站北方向 -表示在基站南方向	dddd.ddd	1.237
6	distance in east	Y 方向平距： +表示在基站东方向 -表示在基站西方向	dddd.ddd	-5.131
7	distance in vertical dimension	H 方向平距： +表示基站上方 -表示在基站下方	dddd.ddd	1.276
8	QF	解状态 0：无效解； 1：单点定位解； 2：伪距差分； 4：固定解； 5：浮动解	q	4

续表

编号	名称	描述	符号	举例
9	heading	航向角, $0°\sim360°$	hhh.hh	350.09
10	pitch	俯仰角: $-90°\sim90°$	ppp.pp	1.52
11	*xx	Checksum	*hh	5F

4.1.2 航向补偿角 β_{offset} 计算方法

G_1 指向 G_2 的向量 $\boldsymbol{G_1G_2}$ 在 NE 平面（水平面）的投影向量 $\boldsymbol{G_1G_{2NE}}$ 与 N 向之间的顺时针夹角称为双天线 $\boldsymbol{G_1G_2}$ 的航向角，记为 β_{12}，β_{12} 的取值为 $[0,360°)$。我们将双天线航向角 β_{12} 与车身的前进指向 β_S 之间相差的 β_{offset} 称作航向补偿角，$\beta_{\text{offset}} \approx 90°$。为了得到精确的车身的前进指向 β_S，我们需要高精度地标定航向补偿角 β_{offset}，我们设计如下的算法来补偿 β_{offset}。

如图 4-4 所示，手动驾驶车辆沿直线前进，尽量保持直线行驶，由 RTK 设备记录该过程中主天线 G_1 的 n 个水平坐标 (x_i, y_i) 和双天线航向角 $\beta_{12}^{(i)}$，其中，$i=1,2,\cdots,n$。

航向补偿角算法示意图如图 4-4 所示。

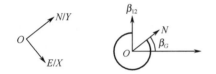

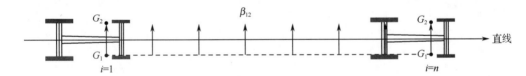

图 4-4 航向补偿角算法示意图

n 个双天线航向角 $\beta_{12}^{(i)}$ 的均值为 $\overline{\beta}_{12}$，

$$\overline{\beta}_{12} = \frac{1}{n}\sum_{i=1}^{n}\beta_{12}^{(i)}$$

一种特殊情况是，车辆朝正东方向直线行驶会导致 $\beta_{12}^{(i)}$ 在 $[360-e_1,360°)$ 与 $[0,e_2]$ 之间跳动，该式需要简单修改，此处不赘述。

向量 $\boldsymbol{G_1^{(1)}G_1^{(n)}}$（只有 x,y 分量）与 N 向的顺时针夹角记为 β_G，β_G 可由 $(x_1,y_1),(x_n,y_n)$ 计算得到。在实际应用中，$\overline{\beta}_{12}$ 与 β_G 之间的夹角 $\Delta\beta$ 是航向补偿角 β_{offset}

的一个高精度估计，所以有

$$\beta_{\text{offset}} = \begin{cases} \beta_G - \bar{\beta} \\ \beta_G - \bar{\beta} + 2\pi \end{cases}$$

4.1.3 横滚补偿角 γ_{offset} 计算方法

车身的横滚角 γ_S 正好与双天线 $\boldsymbol{G_1 G_2}$ 的俯仰角 γ_{12} 相差一个由于安装造成的固定角，该未知角接近于 0，称为横滚补偿角 γ_{offset}。我们提供一种补偿 γ_{offset} 的方法。
$\gamma_{\text{offset}}<0$ 的情形如图 4-5 所示。当 $\gamma_{\text{offset}} < 0$ 时，手动驾驶车辆正向通过水平面任意位置 A，此时 $\gamma_{12}^{(1)} > 0$，车身向右横滚角大小为 $\angle A$，易得

$$\angle A = \gamma_{12}^{(1)} - \gamma_{\text{offset}}$$

手动驾驶车辆反向通过刚才的位置 A，此时 $\gamma_{12}^{(2)} < 0$，车身向左横滚角大小为 $\angle A$，易得

$$\angle A = \gamma_{\text{offset}} - \gamma_{12}^{(2)}$$

于是

$$\gamma_{12}^{(1)} - \gamma_{\text{offset}} = \gamma_{\text{offset}} - \gamma_{12}^{(2)}$$

解得

$$\gamma_{\text{offset}} = \frac{\gamma_{12}^{(1)} + \gamma_{12}^{(2)}}{2}$$

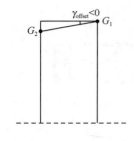 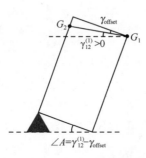 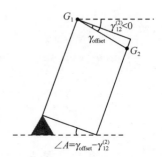

图 4-5　$\gamma_{\text{offset}}<0$ 的情形

$\gamma_{\text{offset}}>0$ 的情形如图 4-6 所示。当 $\gamma_{\text{offset}} > 0$ 时，手动驾驶车辆正向通过水平面任意位置 A，此时 $\gamma_{12}^{(1)} > 0$，车身向右横滚角大小为 $\angle A$，易得

$$\angle A = \gamma_{12}^{(1)} - \gamma_{\text{offset}}$$

手动驾驶车辆反向通过刚才的位置 A，此时 $\gamma_{12}^{(2)} < 0$，车身向左横滚角大小为 $\angle A$，易得

$$\angle A = \gamma_{\text{offset}} - \gamma_{12}^{(2)}$$

于是

$$\gamma_{12}^{(1)} - \gamma_{\text{offset}} = \gamma_{\text{offset}} - \gamma_{12}^{(2)}$$

解得

$$\gamma_{\text{offset}} = \frac{\gamma_{12}^{(1)} + \gamma_{12}^{(2)}}{2}$$

综上所述,

$$\gamma_{\text{offset}} = \frac{\gamma_{12}^{(1)} + \gamma_{12}^{(2)}}{2}$$

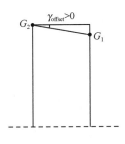
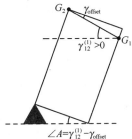
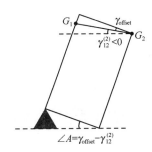

图 4-6 $\gamma_{\text{offset}} > 0$ 的情形

4.1.4 主天线 G_1 定位修正

下面考虑车身 S 发生横滚及俯仰变化时,已知 S 上任一点 P 变化后的 B 系(基准站坐标系)坐标 $^B\!P$(实际坐标),推算未发生横滚及俯仰变化时 P 原来的 B 系坐标 $^B\!P_{\text{correct}}$(修正坐标),该过程也称为对 P 的横滚、俯仰修正。

首先,我们定义车身坐标系 S,P 点横滚、俯仰修正模型如图 4-7 所示,以后轮轴中心点为原点 O_S,纵向向前为 Y_S 轴,横向向右为 X_S 轴。定义 S 系 Y_S 轴与 B 系 Y 轴的顺时针夹角为车身航向角 β_S,显然 $\beta_S \in [0, 360°)$,随 β_S 增大,车辆朝向依次通过 B 系第 1、4、3、2 象限。

车身上一点 P,当车辆未发生任何横滚和俯仰时,在 B 坐标系下的坐标为 $^B\!P_{\text{correct}}(x_{Pc}, y_{Pc})$。规定,按照 S 系右手法则,车辆以 $+Y_S$ 轴为对称轴向右旋转时(左高右低),产生正的车身横滚角 γ_S;车辆以 $+X_S$ 轴为对称轴向后旋转时(前高后低),产生正的车身俯仰角 ρ_S。发生正的 γ_S 和正的 ρ_S 后,P 点在 B 系下的坐标变为 $^B\!P(x_P, y_P)$。现在已知 $^B\!P(x_P, y_P)$,要计算 $^B\!P_{\text{correct}}(x_{Pc}, y_{Pc})$。

P 点的车身高度记为 H,忽略旋转中心的影响,在 S 系,向量 $\boldsymbol{P_c P}$ 的表达式为

$$P_cP = \begin{bmatrix} H \cdot \gamma_S \\ -H \cdot \rho_S \end{bmatrix}$$

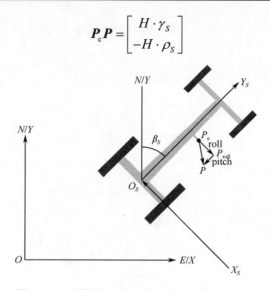

图 4-7 P 点横滚、俯仰修正模型（第 1 象限）

并且容易得到 P 在 S 系的坐标

$$^SP = {}^S_BT\,{}^BP$$

$$^SP = {}^SP_c + P_cP$$

即

$$^SP_c = {}^S_BT\,{}^BP - P_cP$$

两边同时左乘 ${}^B_ST$，得到

$$^B_ST\,{}^SP_c = {}^B_ST\,{}^S_BT\,{}^BP - {}^B_ST(P_cP)$$

即

$$^BP_c = {}^BP - {}^B_ST(P_cP)$$

其中，

$$^B_ST = \begin{bmatrix} \cos\beta_S & \sin\beta_S \\ -\sin\beta_S & \cos\beta_S \end{bmatrix}$$

于是我们得到

$$^BP_c = {}^BP + H \cdot \begin{bmatrix} -\gamma_S \cdot \cos\beta_S + \rho_S \cdot \sin\beta_S \\ \gamma_S \cdot \sin\beta_S + \rho_S \cdot \cos\beta_S \end{bmatrix}$$

对于车辆朝向通过 B 系第 1、4、3、2 象限的所有情形，该等式都适用。P 点横滚、俯仰修正模型第 4、3、2 象限示意图如图 4-8 所示。

特别地，我们对主天线 G_1 进行修正

$$^B\boldsymbol{G}_{1c} = {}^B\boldsymbol{G}_1 + H \cdot \begin{bmatrix} -\gamma_S \cdot \cos\beta_S + \rho_S \cdot \sin\beta_S \\ \gamma_S \cdot \sin\beta_S + \rho_S \cdot \cos\beta_S \end{bmatrix}$$

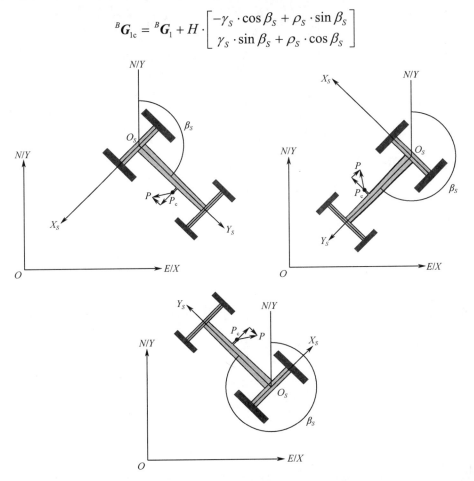

图 4-8　P 点横滚、俯仰修正模型第 4、3、2 象限示意图

在一个应用实例中，我们不考虑车身俯仰角 ρ_S 的影响（直接取 $\rho_S = 0$），直接采用下式作为主天线 $\boldsymbol{G}_1$ 修正公式，省略式中的左上标 B。

$$\boldsymbol{G}_{1c} = \boldsymbol{G}_1 + H \cdot \begin{bmatrix} -\gamma_S \cdot \cos\beta_S \\ \gamma_S \cdot \sin\beta_S \end{bmatrix}$$

4.1.5　车辆前进倒退的判断

我们用变量 ind_{fb} 表示车辆前进倒退，其中，f 表示 forward 前进，b 表示 backward 倒退。前进为 $\mathrm{ind}_{fb} = 1$，倒车为 $\mathrm{ind}_{fb} = -1$，驻车为 $\mathrm{ind}_{fb} = 0$。

车辆运动时，计算现在时刻和历史时刻之间位置的变化量 Δx、Δy，可通过 Δx、Δy 的符号判断车辆运动的速度方向 β_v，显然 $\beta_v \in [0, 360°)$，具体计算公式是

$$\beta_v = \begin{cases} \arctan\dfrac{\Delta x}{\Delta y} & \Delta x > 0, \Delta y > 0 \\ 2\pi + \arctan\dfrac{\Delta x}{\Delta y} & \Delta x < 0, \Delta y > 0 \\ \pi + \arctan\dfrac{\Delta x}{\Delta y} & \Delta x < 0, \Delta y < 0 \\ \pi + \arctan\dfrac{\Delta x}{\Delta y} & \Delta x > 0, \Delta y < 0 \end{cases}$$

β_v 的 4 种情况如图 4-9 所示。

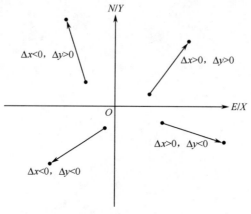

图 4-9　β_v 的 4 种情况

现在由 β_v 和 β_S 判断车辆前进倒退状态，考虑 $\cos(\beta_v - \beta_S)$：

当 $\cos(\beta_v - \beta_S) > 0$ 时，表明速度方向与车头夹角小，车辆处于前进状态，$\mathrm{ind}_{fb} = 1$；

当 $\cos(\beta_v - \beta_S) < 0$ 时，表明速度方向与车尾夹角小，车辆处于倒退状态，$\mathrm{ind}_{fb} = -1$。

在一个应用实例中，
$$\Delta x = x[n\Delta t] - x[(n-3)\Delta t]$$
$$\Delta y = y[n\Delta t] - y[(n-3)\Delta t]$$

其中，$\Delta t = 0.1\mathrm{s}$ 为 GPATR 定位时间间隔。

4.1.6　车速 v 的计算

应用 4.1.4 节中主天线 G_1 的修正公式，我们有
$$G_{1c} = G_1 + H \cdot \begin{bmatrix} -\gamma_S \cdot \cos\beta_S \\ \gamma_S \cdot \sin\beta_S \end{bmatrix}$$

其中，G_1 为 GPATR 中的原始数据。若 $G_{1c} = [x_c, y_c]^T$，当前

$$G_{1c}(n) = [x_c(n), y_c(n)]^T$$

10 个 Δt 周期前

$$G_{1c}(n-10) = [x_c(n-10), y_c(n-10)]^T$$

在一个应用实例中，我们这样计算车速

$$v(n) = \frac{1}{10 \cdot \Delta t} |G_{1c}(n-10) G_{1c}(n)|$$

此式的意义是主天线 G_1 的当前速度 v_{G_1} 约等于 1 秒前时刻与当前时刻间的平均速度，主天线 G_1 当前速度 v_{G_1} 约等于当前车辆速度 v。在实测中，上式定义的车速 v 较为精确，便不做进一步优化了。

4.2 角度传感器模型

在一个应用实例中，将角度传感器（电位计或霍尔传感器）安装于车辆转向轮与前桥相连处，可选择左前轮或右前轮，本节统一为左前轮。安装时须注意，角度传感器的测量区间应完整地覆盖车轮左右转动的极限位置。规定车辆处于左转状态时，左车轮实际转角为 $\alpha_1 > 0$；车辆处于右转状态时，左车轮实际转角为 $\alpha_1 < 0$；车辆处于直线行驶状态时（中位），左车轮实际转角为 $\alpha_1 = 0$。换言之，当车轮左转时，α_1 增大；当车轮右转时，α_1 减小。角度传感器的实际读数一般为电压值（范围为 0～5V）。经过简单的处理，可以得到角度测量值 α_{lm}，当车轮左转时，α_{lm} 增大；当车轮右转时，α_{lm} 减小。如图 4-10 所示，当车轮在中位附近时，$\alpha_{lm} = 0$。

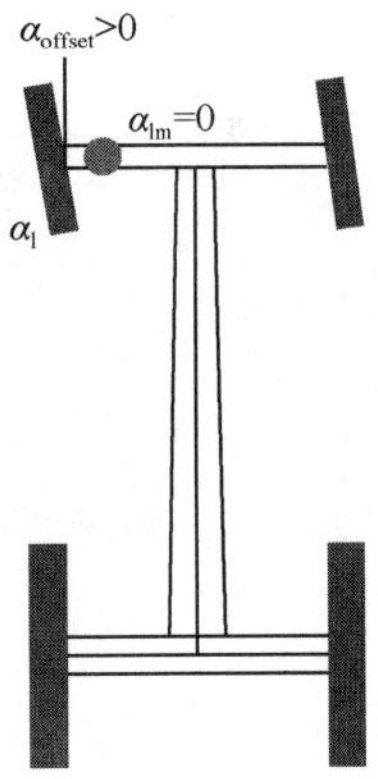

显然，左车轮实际转角 α_1 与 α_{lm} 之间存在一个小的角度偏差，称为车轮中位补偿角 α_{offset}，则有

图 4-10 中位附近 $\alpha_{lm} = 0$

$$\alpha_1 = \alpha_{lm} + \alpha_{offset}$$

要想得知 α_1 的数值，就必须找到 α_{offset} 的高精度的估算值，下面介绍具体的方法。

车轮中位补偿角算法示意如图 4-11 所示。人工手动驾驶拖拉机沿着一条直线行进，每隔 Δt 记录一次角度传感器的读数 $\alpha_{lm}^{(i)}$，其中，$i = 1, 2, \cdots, n$，则有

$$\alpha_{offset} = \alpha_1^{(i)} - \alpha_{lm}^{(i)}$$

每个 $\alpha_1^{(i)}$ 具体数值是不知道的，但是都比较接近 0，而且有正有负，从统计意义上，有

$$\frac{1}{n}\sum_{i=1}^{n}\alpha_1^{(i)} \to 0$$

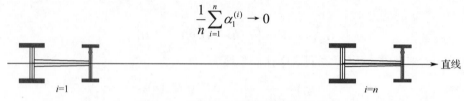

图 4-11　车轮中位补偿角算法示意图

于是得到

$$\alpha_{\text{offset}} \approx \left(\frac{1}{n}\sum_{i=1}^{n}\alpha_1^{(i)}\right) - \left(\frac{1}{n}\sum_{i=1}^{n}\alpha_{\text{lm}}^{(i)}\right) \to -\frac{1}{n}\sum_{i=1}^{n}\alpha_{\text{lm}}^{(i)}$$

即

$$\alpha_{\text{offset}} \approx -\frac{1}{n}\sum_{i=1}^{n}\alpha_{\text{lm}}^{(i)}$$

在实际应用中，可记录 60s 的行程（0.1s 一个 $\alpha_{\text{lm}}^{(i)}$，共 600 个点），实测效果良好。

4.3　水平面直线路径几何模型

4.3.1　直线 AB 设置

在非自动驾驶状态下，直线 AB 设置如图 4-12 所示。车辆行驶在图中边缘两个位置，A 点和 B 点为这两个边缘位置处车身中点 C 的坐标。通过 RTK 设备可以知道，在 A 点处，主天线 G_1 水平面坐标为 (x_1, y_1)，双天线航向角为 β_{12}^A；在 B 点处，主天线 G_1 水平面坐标为 (x_2, y_2)，双天线航向角为 β_{12}^B。现根据 G_1 水平面坐标和 β_{12}^A、β_{12}^B，求 A 点和 B 点的坐标。

由于 C 点与 A 点重合，简单地，我们可得到关系式

$$\begin{cases} (x_A - x_1)^2 + (y_A - y_1)^2 = |CG_1|^2 \\ \dfrac{x_A - x_1}{y_A - y_1} = \tan\beta_{12}^A \end{cases}$$

其中，记 L_{fixed} 为 G_1 点到车身中点 C 的距离，即 $|CG_1| = L_{\text{fixed}}$，解得

$$\begin{cases} x_A = x_1 + L_{\text{fixed}} \cdot \sin\beta_{12}^A \\ y_A = y_1 + L_{\text{fixed}} \cdot \cos\beta_{12}^A \end{cases}$$

点 B 同理。于是得到 A 点和 B 点的坐标

$$A(x_1 + L_{\text{fixed}} \cdot \sin \beta_{12}^A, \ y_1 + L_{\text{fixed}} \cdot \cos \beta_{12}^A)$$
$$B(x_2 + L_{\text{fixed}} \cdot \sin \beta_{12}^B, \ y_2 + L_{\text{fixed}} \cdot \cos \beta_{12}^B)$$

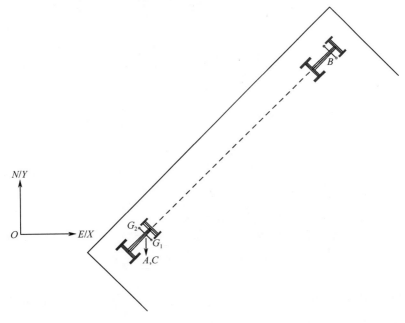

图 4-12 直线 AB 设置

4.3.2 直线 AB 设计

在基站 $\{B\}$ 坐标系下,知道 A 点和 B 点的 EN 或 XY 坐标,可以建立直线 AB 在 B 坐标系中的方程。直线 AB 的 4 种情况如图 4-13 所示。若 $A(x_A, y_A)$,$B(x_B, y_B)$,则对于一般情况,直线 AB 的斜率为

$$k = \frac{y_A - y_B}{x_A - x_B}$$

截距为 ind_{AB},则直线 AB 的方程为

$$y = kx + \text{ind}_{AB}$$

令 $x = x_A, y = y_A$,有

$$y_A = kx_A + \text{ind}_{AB}$$

解得

$$\text{ind}_{AB} = y_A - \frac{y_A - y_B}{x_A - x_B} x_A = \frac{y_B x_A - x_B y_A}{x_A - x_B}$$

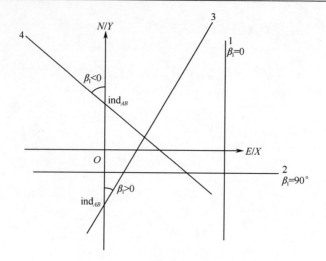

图 4-13 直线 AB 的 4 种情形

即对于图 4-13 中 3 和 4 的情形，我们有

$$y = kx + \mathrm{ind}_{AB}$$

$$k = \frac{y_A - y_B}{x_A - x_B}, \quad \mathrm{ind}_{AB} = \frac{y_B x_A - x_B y_A}{x_A - x_B}$$

同时定义直线 AB 的方向角 β_1 为直线与 N/Y 轴的夹角，其范围为 $(-90°, 90°]$，符号与斜率 k 一致，计算公式为

$$\beta_1 = \begin{cases} \dfrac{\pi}{2} - \arctan k, & k > 0 \\ -\dfrac{\pi}{2} - \arctan k, & k < 0 \end{cases}$$

对于图 4-13 中 1 和 2 的特殊情形，我们有

情形 1：

$$x = \mathrm{ind}_{AB} = x_A$$
$$\beta_1 = 0$$

情形 2：

$$y = \mathrm{ind}_{AB} = y_A$$
$$\beta_1 = 90°$$

当 $\beta_1 = 0$ 时，直线 AB 指向南北方向；当 $\beta_1 = 90°$ 时，直线 AB 指向东西方向。

4.3.3 平行直线阵列设计

定义幅宽（平行间距）为 W，以直线 AB 为第 0 行，向 x 增大的方向的平行直线行号为"+"且增大,向 x 减小的方向的平行直线行号为"−"且减小,行号记为 array,当前工作的行号记为 $\text{array}_{\text{work}}$。下面按照 4 种直线 AB 定义的情形分类讨论,根据车辆当前位置计算最近的阵列直线,并以此为工作直线,计算当前工作行号 $\text{array}_{\text{work}}$ 及工作直线参数 $\text{ind}_{\text{lwork}}$。

先引入 REAL_TO_INT 取整函数,REAL_TO_INT 函数计算范例如图 4-14 所示。

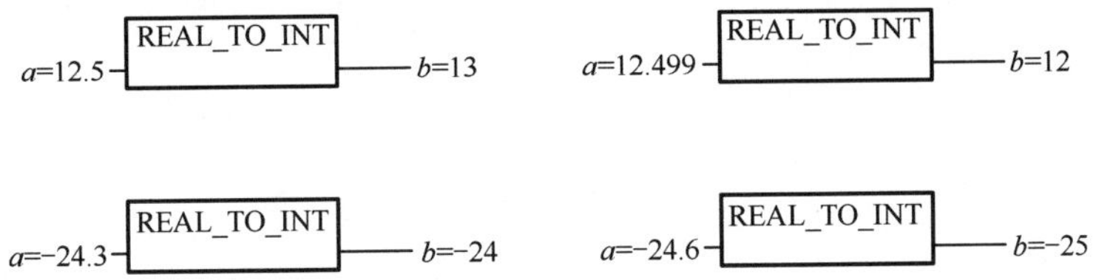

$a=12.5$ → REAL_TO_INT → $b=13$ $a=12.499$ → REAL_TO_INT → $b=12$

$a=-24.3$ → REAL_TO_INT → $b=-24$ $a=-24.6$ → REAL_TO_INT → $b=-25$

图 4-14 REAL_TO_INT 函数计算范例

情形 1:$\beta_1 = 0$,如图 4-15 所示,易得

$$\text{array}_{\text{work}} = \text{REAL\_TO\_INT}\left(\frac{x - \text{ind}_{AB}}{W}\right)$$

$$\text{ind}_{\text{lwork}} = \text{ind}_{AB} + \text{array}_{\text{work}} \cdot W$$

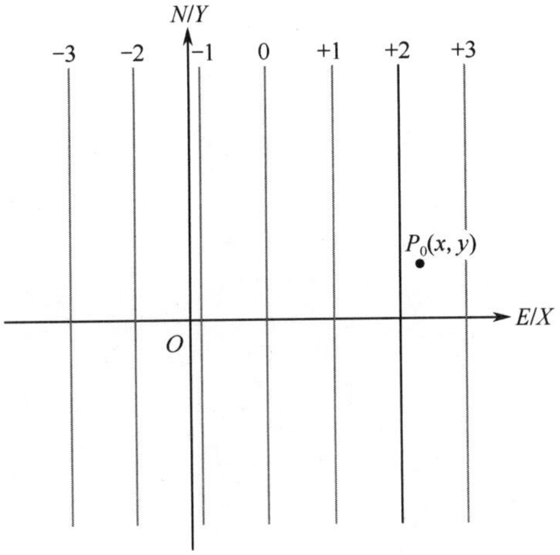

图 4-15 $\beta_1 = 0$ 的情形

情形 2:$\beta_1 = 90°$,如图 4-16 所示,易得

$$\text{array}_{\text{work}} = \text{REAL\_TO\_INT}\left(\frac{y - \text{ind}_{AB}}{W}\right)$$

$$\text{ind}_{\text{lwork}} = \text{ind}_{AB} + \text{array}_{\text{work}} \cdot W$$

情形 3:$\beta_1 > 0$,如图 4-17 所示,当前工作直线方程

$$y = kx + \text{ind}_{\text{lwork}}$$

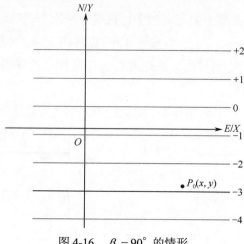

图 4-16 $\beta_1 = 90°$ 的情形

直线 AB 方程

$$y = kx + \text{ind}_{AB}$$

点 P_0 到直线 AB 的距离为 $D\_P_0\_AB$,易得

$$D\_P_0\_AB = \frac{kx - y + \text{ind}_{AB}}{\sqrt{1 + k^2}}$$

从而

$$\text{array}_{\text{work}} = \text{REAL\_TO\_INT}\left(\frac{D\_P_0\_AB}{W}\right)$$

$$\text{ind}_{\text{lwork}} = \text{ind}_{AB} - \frac{\text{array}_{\text{work}} \cdot W}{\sin \beta_1}$$

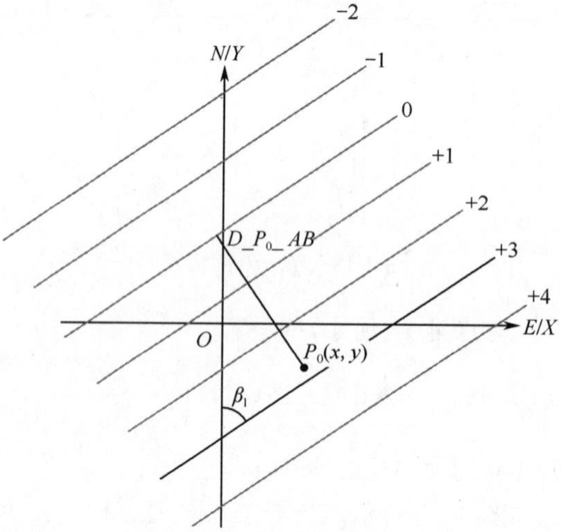

图 4-17 $\beta_1 > 0$ 的情形

情形 4：$\beta_1 < 0$，如图 4-18 所示，同理可求得

$$\text{array}_{\text{work}} = \text{REAL\_TO\_INT}\left(-\frac{D\_P_0\_AB}{W}\right)$$

$$\text{ind}_{\text{lwork}} = \text{ind}_{AB} - \frac{\text{array}_{\text{work}} \cdot W}{\sin \beta_1}$$

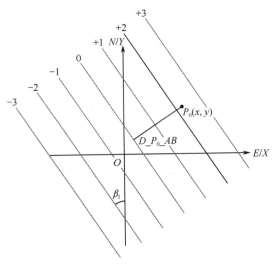

图 4-18　$\beta_1 < 0$ 的情形

4.4　车辆-路径参数计算模型

4.4.1　带有车头方向信息的扩展直线方向角 β_{lextend}

本节我们要利用前面定义的直线 AB 的方向角 $\beta_1 \in (-90°, 90°]$ 和车身航向角 $\beta_S \in [0, 360°)$ 定义一个扩展直线方向角 β_{lextend}。β_{lextend} 被定义为：车身朝向 β_S 与 β_{lextend} 的差的绝对值小于 $90°$ 的直线 AB 的方向角，其取值范围为 $\beta_{\text{lextend}} \in [0, 360°)$。

分情况讨论，我们考虑 $\cos(\beta_S - \beta_1)$ 的正负性，而非讨论 $(\beta_S - \beta_1)$，这样做有明显简化情况的作用。

情形 1：当 $\beta_1 \in [0, 90°]$ 时，如图 4-19 所示，易得如下结论：

(1) 当 $\cos(\beta_S - \beta_1) > 0$ 时，$\beta_{\text{lextend}} = \beta_1$，$\beta_{\text{lextend}} \in [0, 90°]$；

(2) 当 $\cos(\beta_S - \beta_1) < 0$ 时，$\beta_{\text{lextend}} = \beta_1 + \pi$，$\beta_{\text{lextend}} \in [180°, 270°]$。

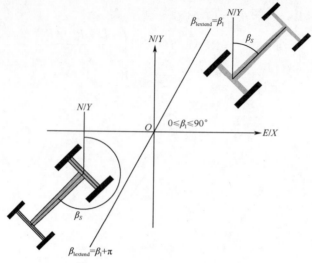

图 4-19 $\beta_{lextend}$ 定义（情形 1）

情形 2：当 $\beta_1 \in (-90°, 0)$ 时，如图 4-20 所示，易得如下结论：

（1）当 $\cos(\beta_S - \beta_1) > 0$ 时，$\beta_{lextend} = \beta_1 + 2\pi$，$\beta_{lextend} \in (270°, 360°)$；

（2）当 $\cos(\beta_S - \beta_1) < 0$ 时，$\beta_{lextend} = \beta_1 + \pi$，$\beta_{lextend} \in (90°, 180°)$。

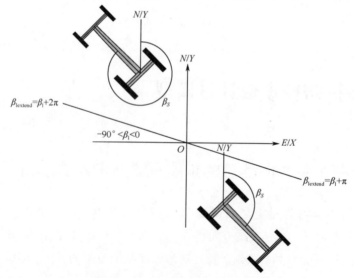

图 4-20 $\beta_{lextend}$ 定义（情形 2）

4.4.2 航向角偏差 β

航向角偏差 β 被定义为车身朝向 β_S 与 $\beta_{lextend}$ 的差，并且要求 $\beta \in (-90°, 90°)$，

表征了当前车头方向与直线 AB 的夹角的大小与方向。由于 β_S 与 β_{lextend} 的取值范围均为 $[0,360°]$，直接定义 $\beta=\beta_S-\beta_{\text{lextend}}$ 可能会导致 β 不属于 $(-90°,90°)$ 区间，比如，令 $\beta_S=3°$，$\beta_{\text{lextend}}=350°$，则 $\beta=-347°$。

简单地，我们有：
（1）当 $\beta_S-\beta_{\text{lextend}}<-90°$ 时，$\beta=\beta_S-\beta_{\text{lextend}}+2\pi$。
（2）当 $\beta_S-\beta_{\text{lextend}}>90°$ 时，$\beta=\beta_S-\beta_{\text{lextend}}-2\pi$。
（3）其余情况，$\beta=\beta_S-\beta_{\text{lextend}}$。

航向角偏差 β 为 "+" 时，表明车头方向相对直线 AB 偏右；航向角偏差 β 为 "-" 时，表明车头方向相对直线 AB 偏左。β 符号示意图如图 4-21 所示。

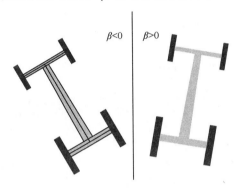

图 4-21　β 符号示意图

4.4.3　横向偏差 d

本节计算车辆上一点 P 偏离工作直线的横向距离 d，并且 d 是带有正负符号的。我们直接引用 4.1.4 节对 P 点的横滚、俯仰修正的结果。即已知 P，可求得 P_{correct}。下面先讨论已知 P_{correct}，求 P_{correct} 在离它最近的工作直线上的垂足点 P_{project}。P_{correct} 在 B 系中坐标的 x,y 分量分别为 x_{correct}，y_{correct}。P_{project} 在 B 系中坐标的 x,y 分量分别为 x_{project}，y_{project}。

情形 1： $\beta_1=0°$，如图 4-22 所示，显然有
$$x_{\text{project}}=\text{ind}_{\text{lwork}}$$
$$y_{\text{project}}=y_{\text{correct}}$$

情形 2： $\beta_1=90°$，如图 4-22 所示，显然有
$$x_{\text{project}}=x_{\text{correct}}$$
$$y_{\text{project}}=\text{ind}_{\text{lwork}}$$

情形 3：$-90°<\beta_1<0°$ 或 $0°<\beta_1<90°$，如图 4-23 所示，工作直线方程为
$$y = kx + \text{ind}_{\text{lwork}}$$

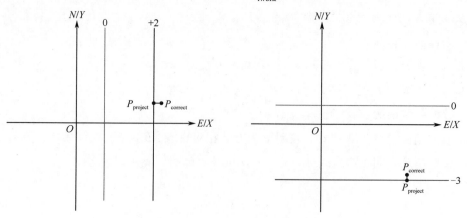

图 4-22　P_{project} 与 P_{correct}（情形 1 和情形 2）

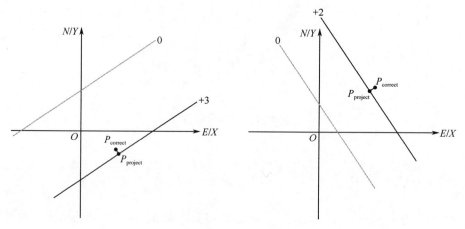

图 4-23　P_{project} 与 P_{correct}（情形 3）

直线 $P_{\text{project}}P_{\text{correct}}$ 方程为
$$y - y_{\text{correct}} = -\frac{1}{k}(x - x_{\text{correct}})$$

显然，$P_{\text{project}}(x_{\text{project}}, y_{\text{project}})$ 是工作直线与直线 $P_{\text{project}}P_{\text{correct}}$ 的交点

$$\begin{cases} y = kx + \text{ind}_{\text{lwork}} \\ y - y_{\text{correct}} = -\dfrac{1}{k}(x - x_{\text{correct}}) \end{cases}$$

解得

$$x_{\text{project}} = \frac{x_{\text{correct}} + k \cdot y_{\text{correct}} - k \cdot \text{ind}_{\text{lwork}}}{1 + k^2}$$

$$y_{\text{project}} = \frac{k \cdot x_{\text{correct}} + k^2 \cdot y_{\text{correct}} + \text{ind}_{\text{lwork}}}{1 + k^2}$$

下面引入横向偏差 d 的定义。向量 $\boldsymbol{P}_{\text{project}}\boldsymbol{P}_{\text{correct}}$ 和向量 $\boldsymbol{e}_{\text{le}}$ 如图 4-24 所示。

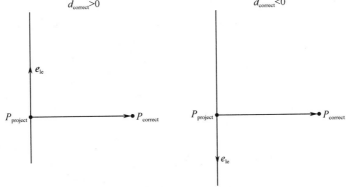

图 4-24　向量 $\boldsymbol{P}_{\text{project}}\boldsymbol{P}_{\text{correct}}$ 和向量 $\boldsymbol{e}_{\text{le}}$

考虑向量 1：$\boldsymbol{P}_{\text{project}}\boldsymbol{P}_{\text{corrrect}} = (x_{\text{correct}} - x_{\text{project}}, y_{\text{correct}} - y_{\text{project}})$。

考虑向量 2：单位向量 $\boldsymbol{e}_{\text{le}} = (\sin\beta_{\text{lextend}}, \cos\beta_{\text{lextend}})$，显然 $\boldsymbol{e}_{\text{le}}$ 表征了 β_{lextend}。

根据向量 $\boldsymbol{P}_{\text{project}}\boldsymbol{P}_{\text{corrrect}}$ 和 $\boldsymbol{e}_{\text{le}}$ 的定义，显然 $\boldsymbol{P}_{\text{project}}\boldsymbol{P}_{\text{corrrect}} \perp \boldsymbol{e}_{\text{le}}$，并且同在 B 坐标系 XY 平面上。

考虑向量 3：$\boldsymbol{P}_{\text{project}}\boldsymbol{P}_{\text{correct}} \times \boldsymbol{e}_{\text{le}}$，其大小为

$$|\boldsymbol{P}_{\text{project}}\boldsymbol{P}_{\text{corrrect}} \times \boldsymbol{e}_{\text{le}}| = |\boldsymbol{P}_{\text{project}}\boldsymbol{P}_{\text{corrrect}}| \cdot |\boldsymbol{e}_{\text{le}}| \cdot \sin 90° = |\boldsymbol{P}_{\text{project}}\boldsymbol{P}_{\text{corrrect}}|$$

$|\boldsymbol{P}_{\text{project}}\boldsymbol{P}_{\text{corrrect}}|$ 就是点 P_{correct} 偏离工作直线的横向距离 d_{correct} 的大小，显然 $\boldsymbol{P}_{\text{project}}\boldsymbol{P}_{\text{corrrect}} \times \boldsymbol{e}_{\text{le}}$ 指向 NEU 坐标系的 $+U$ 轴或 $-U$ 轴，于是

$$\boldsymbol{P}_{\text{project}}\boldsymbol{P}_{\text{corrrect}} \times \boldsymbol{e}_{\text{le}} = (0, 0, d_{\text{correct}})$$

于是

$$d_{\text{correct}} = (x_{\text{correct}} - x_{\text{project}})\cos\beta_{\text{lextend}} - (y_{\text{correct}} - y_{\text{project}})\sin\beta_{\text{lextend}}$$

在应用实例中，选取 $P = G_1$，则 $P_{\text{correct}} = G_{1\text{correct}}$，$d_{\text{correct}}$ 即为主天线 G_1 偏离工作直线的横向距离 d_{G_1}。

G_1G_2 中点 C 的偏差

$$d_C = d_{G_1} - L_{\text{fixed}} \cdot \cos\beta$$

后轮轴中心 P 的偏差

$$d_P = d_{G_1} - L_{\text{fixed}} \cdot \cos\beta - b \cdot \sin\beta$$

与后轮轴中心 P 在横向上相距 e 的点 Q 的偏差

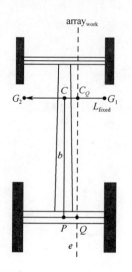

$$d_Q = d_{G_1} - (L_{\text{fixed}} - e) \cdot \cos\beta - b \cdot \sin\beta$$

若 Q 在 P、G_1 一侧，则 $e > 0$；若 Q 在 P、G_2 一侧，则 $e < 0$。

Q 在 G_1G_2 上的垂足 C_Q

$$d_{C_Q} = d_{G_1} - (L_{\text{fixed}} - e) \cdot \cos\beta$$

点 G_1、C、P、Q、C_Q 示意图如图 4-25 所示。

在车辆测试时，选择

$$d = d_C \text{ 或 } d = d_P$$

在车辆后挂农业作业机具时，机具中心往往偏离车身中线，偏离距离即为 e，选择

$$d = d_{C_Q} \text{ 或 } d = d_Q$$

具体选择的点称为控制点。

图 4-25　点 G_1、C、P、Q、C_Q 示意图

4.5　显示动画模型

为了清晰地介绍显示屏上动画的模型，需要 3 个坐标系：$\{B\}$、$\{SCQ\}$、$\{I\}$，分别是基站坐标系、以 C_Q 为原点的车身坐标系和动画（图像）坐标系，动画模型示意图如图 4-26 所示。$\{B\}$、$\{SCQ\}$ 中坐标单位的长度单位为 m，实数类型（REAL）。$\{I\}$ 中坐标单位的像素单位为 pixel，整数类型（INT）。

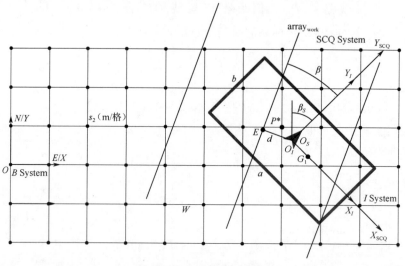

图 4-26　动画模型示意图

1. 坐标 C_Q

选取车身上一点 C_Q 作为控制点，C_Q 在 $\{B\}$ 中的坐标为

$$x_{os} = x_{G_{1c}} - (L_{\text{fixed}} - e) \cdot \cos\beta_S$$

$$y_{os} = y_{G_{1c}} + (L_{\text{fixed}} - e) \cdot \sin\beta_S$$

2. 比例尺 s_1

显示屏上 IMAGE 动画像素尺寸为 $m \times n$，s_1 表示 1 个像素尺寸代表的土地尺寸，IMAGE 的长度为 a m，宽度为 b m，s_1 单位为"m/pixel"，则

$$a = s_1 \cdot m$$

$$b = s_1 \cdot n$$

例如，当 $s_1 = 0.05$m/pixel、$m = 640$、$n = 480$ 时，则 $a = 32$m，$b = 24$m。

3. 比例尺 s_2

s_2 表示土地上网格的一格代表的实际距离，单位为"m/格"，如 10m/格。

4. IMAGE 上的平行直线

离 (x_{os}, y_{os}) 最近的工作直线 $\text{array}_{\text{work}}$ 上 C_Q 的垂足为 E，则 E 在 $\{SCQ\}$ 坐标系下的坐标为

$$^S X_E = -d \cdot \cos\beta$$

$$^S Y_E = -d \cdot \sin\beta$$

进而，E 在 $\{I\}$ 坐标系下的坐标为

$$^I X_E = \text{REAL\_TO\_INT}\left(-\frac{d}{s_1} \cdot \cos\beta\right)$$

$$^I Y_E = \text{REAL\_TO\_INT}\left(-\frac{d}{s_1} \cdot \sin\beta\right)$$

根据 $^I E$（像素坐标）和 $-\beta$，可以在 IMAGE 动画坐标系下绘制出 $\text{array}_{\text{work}}$ 直线，以 $\text{REAL\_TO\_INT}\left(\dfrac{W}{s_1}\right)$（像素距离）为间隔可绘制出多条平行直线。

5. 网格绘制

网格绘制分两步。首先，寻找 $\{B\}$ 坐标系下，距离控制点 (x_{os}, y_{os}) 最近的网格点 P^*，P^* 的 IMAGE 像素坐标可以用简单的程序计算得到：

```
XPB:=DINT_TO_REAL(REAL_TO_DINT(xos/s2))*s2;
YPB:=DINT_TO_REAL(REAL_TO_DINT(yos/s2))*s2;
XPS:=(XPB-xos)*COS(beta_S)-(YPB-yos)*SIN(beta_S);
YPS:=(XPB-xos)*SIN(beta_S)+(YPB-yos)*COS(beta_S);
XPI:=REAL_TO_INT(XPS/s1);
YPI:=REAL_TO_INT(YPS/s1);
```

然后，以 $^IP^*$ 为像素基点，当 $\beta_S > 0$ 时，以 $\beta_S, \beta_S - \frac{\pi}{2}$ 为方向；当 $\beta_S < 0$ 时，以 $\beta_S, \beta_S + \frac{\pi}{2}$ 为方向，间隔 $\frac{s_2}{s_1}$ 为像素距离，搜索 IMAGE 动画框 $m \times n$ 范围内所有可显示的网格点 ^IP_i，并将这些网格点有序地垂直相连，就绘制出了网格线。

6. 显示动画报文

控制器向显示器发送的用于显示动画绘制的报文格式为

$$(d, \beta, W, s_1, s_2, XPI, YPI, \beta_S)$$

频率为 10Hz。

第 5 章　转向控制算法

本章以经典控制的方法研究 Look Ahead Ackermann 转向控制算法。

5.1　Ackermann 转向模型

首先，我们介绍广泛应用的车辆 Ackermann 转向模型，这在各种汽车理论书籍中可以轻易找到相关内容。前轮转向四轮车辆，在转向轮转向时，满足右前轮、左前轮及两个不转向的后轮垂直方向的四条射线汇聚于一点 O，O 为此时车辆的瞬时旋转中心，右前轮转向角为 α_r，左前轮转向角为 α_l，前轮轮距为 W_f，前后轴距为 L。可以计算此时后轮轴中心点 P 到瞬时旋转中心 O 的距离 R_P，R_P 也称为此时的转弯半径。R_P 的倒数为车辆曲率 θ。

1．左转向

如图 5-1 所示，车辆左转向时：

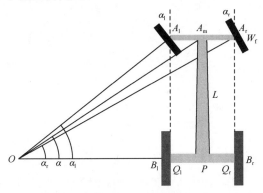

图 5-1　左转向 Ackermann 模型

① 从 A_l 点作后轮轴 B_lB_r 的垂线，垂足为 Q_l，在直角三角形 A_lQ_lO 中，

$$A_1Q_1 = L$$

$$OQ_1 = R_P - \frac{W_f}{2}$$

$$\angle A_1OQ_1 = \alpha_1$$

于是，

$$\tan \angle A_1OQ_1 = \frac{A_1Q_1}{OQ_1}$$

即

$$\tan \alpha_1 = \frac{L}{R_P - \dfrac{W_f}{2}}$$

得到

$$\alpha_1 = \operatorname{arccot} \frac{R_P - \dfrac{W_f}{2}}{L}$$

$$R_P = L \cdot \cot \alpha_1 + \frac{W_f}{2}$$

② 从 A_r 点作后轮轴 B_lB_r 的垂线，垂足为 Q_r，在直角三角形 A_rQ_rO 中，

$$A_rQ_r = L$$

$$OQ_r = R_P + \frac{W_f}{2}$$

$$\angle A_rOQ_r = \alpha_r$$

于是，

$$\tan \angle A_rOQ_r = \frac{A_rQ_r}{OQ_r}$$

即

$$\tan \alpha_r = \frac{L}{R_P + \dfrac{W_f}{2}}$$

得到

$$\alpha_r = \operatorname{arccot} \frac{R_P + \dfrac{W_f}{2}}{L}$$

$$R_P = L \cdot \cot \alpha_r - \frac{W_f}{2}$$

③ 特别地，从 A_m 点作后轮轴 B_lB_r 的垂线，垂足为 P，在直角三角形 A_mPO 中，

$$A_mP = L$$

$$OP = R_P$$

$$\angle A_mOP = \alpha$$

于是

$$\tan \angle A_mOP = \frac{A_mP}{OP}$$

即

$$\tan \alpha = \frac{L}{R_P}$$

得到

$$\alpha = \text{arccot}\frac{R_P}{L}$$

$$R_P = L \cdot \cot \alpha$$

这里的 α 可以看成安装在前轮轴中点处的虚拟转向轮的角度,α 与 α_l, α_r 的关系为

$$\cot \alpha_l = \cot \alpha - \frac{W_f}{2L}$$

$$\cot \alpha_r = \cot \alpha + \frac{W_f}{2L}$$

综上所述,左转向时 P 点转弯半径

$$R_P = L \cdot \cot \alpha_l + \frac{W_f}{2}$$

$$R_P = L \cdot \cot \alpha_r - \frac{W_f}{2}$$

$$R_P = L \cdot \cot \alpha$$

车轮角度关系

$$\alpha_l = \text{arccot}\frac{R_P - \frac{W_f}{2}}{L}$$

$$\alpha_r = \text{arccot}\frac{R_P + \frac{W_f}{2}}{L}$$

$$\alpha = \text{arccot}\frac{R_P}{L}$$

这就是左转向时的 Ackermann 转向公式。

2. 右转向

如图 5-2 所示,车辆右转向时,与左转向相同的推导,我们直接给出右转向时 P

点转弯半径

$$R_P = L \cdot \cot\alpha_l - \frac{W_f}{2}$$

$$R_P = L \cdot \cot\alpha_r + \frac{W_f}{2}$$

$$R_P = L \cdot \cot\alpha$$

车轮角度关系

$$\alpha_l = \operatorname{arccot}\frac{R_P + \frac{W_f}{2}}{L}$$

$$\alpha_r = \operatorname{arccot}\frac{R_P - \frac{W_f}{2}}{L}$$

$$\alpha = \operatorname{arccot}\frac{R_P}{L}$$

这就是右转向时的 Ackermann 转向公式。

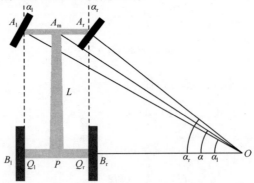

图 5-2 右转向 Ackermann 模型

这里看到，左、右转向时 α_l，α_r 转向公式不一致，为了方便后文讨论，我们规定车轮处于左转向位时为 $\alpha_l > 0$，$\alpha_r > 0$，$R_P > 0$，右转向位时为 $\alpha_l < 0$，$\alpha_r < 0$，$R_P < 0$，中位时为 $\alpha_l = 0$，$\alpha_r = 0$，$R_P = +\infty$。于是，对于右转向位的情况

$$-R_P = L \cdot \cot(-\alpha_l) - \frac{W_f}{2} \Rightarrow R_P = L \cdot \cot\alpha_l + \frac{W_f}{2} \Rightarrow \alpha_l = \operatorname{arccot}\frac{R_P - \frac{W_f}{2}}{L}$$

$$-R_P = L \cdot \cot(-\alpha_r) + \frac{W_f}{2} \Rightarrow R_P = L \cdot \cot\alpha_r - \frac{W_f}{2} \Rightarrow \alpha_r = \operatorname{arccot}\frac{R_P + \frac{W_f}{2}}{L}$$

综上所述，α_l，α_r，α，R_P 带有符号规定时，具有统一的转向公式

$$R_P = L \cdot \cot\alpha_l + \frac{W_f}{2} \qquad \alpha_l = \operatorname{arccot}\frac{R_P - \frac{W_f}{2}}{L}$$

$$R_P = L \cdot \cot\alpha_r - \frac{W_f}{2} \qquad \alpha_r = \operatorname{arccot}\frac{R_P + \frac{W_f}{2}}{L}$$

$$R_P = L \cdot \cot\alpha \qquad \alpha = \operatorname{arccot}\frac{R_P}{L}$$

后文中，我们也关心曲率 θ 与转向角度 α_l，α_r，α 之间的关系

$$\theta = \frac{1}{L \cdot \cot\alpha_l + \frac{W_f}{2}} \qquad \alpha_l = \operatorname{arccot}\left(\frac{1}{\theta L} - \frac{W_f}{2L}\right)$$

$$\theta = \frac{1}{L \cdot \cot\alpha_r - \frac{W_f}{2}} \qquad \alpha_r = \operatorname{arccot}\left(\frac{1}{\theta L} + \frac{W_f}{2L}\right)$$

$$\theta = \frac{\tan\alpha}{L} \qquad \alpha = \operatorname{arccot}\frac{1}{\theta L}$$

5.2 α，β，d 微分关系

本节研究两个关系：车轮角度 α 与车辆航向角变化率 $\dot\beta$ 之间的关系 $\alpha \sim \dot\beta$，车辆航向角 β 与车辆横向偏差变化率 $\dot d$ 之间的关系 $\beta \sim \dot d$。

5.2.1 车轮角度与车辆航向角变化率之间的关系

如图 5-3 所示，车辆处于前行状态，行驶速度为 v，在微元时间 Δt 内，点 P 走过的弧长为 $v\Delta t$，根据弧长公式，$v\Delta t$ 等于 $-R_P\Delta\beta$，即

$$v\Delta t = -R_P\Delta\beta$$

即

$$R_P = -\frac{v\Delta t}{\Delta\beta} = -\frac{v}{\lim_{\Delta t \to 0}\frac{\Delta\beta}{\Delta t}} = -\frac{v}{\dot\beta}$$

在直角三角形 A_mPO 中，

$$\tan\alpha = \frac{L}{R_P}$$

进而

$$\tan\alpha = -\frac{L}{v}\dot{\beta}$$

当 $|\alpha|$ 是小角度时,

$$\alpha \approx -\frac{L}{v}\dot{\beta}$$

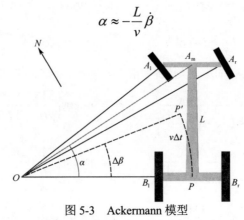

图 5-3 Ackermann 模型

5.2.2 车辆航向角与车辆横向偏差变化率之间的关系

如图 5-4 所示,车辆偏离直线夹角为 β,不论此时车轮角度 α 为多少,在微元时间 Δt 内,均有

$$\sin\beta = \lim_{\Delta t \to 0}\frac{\Delta d}{v\Delta t} = \frac{\dot{d}}{v}$$

$$\cos\beta = \lim_{\Delta t \to 0}\frac{\Delta x}{v\Delta t} = \frac{\dot{x}}{v}$$

当航向角 β 是小角度时

$$\beta = \frac{\dot{d}}{v}$$

从以上结论,可以看出

$$\alpha \propto \dot{\beta},\ \beta \propto \dot{d}$$

5.3 一个车辆运动微元模型

本节我们建立一种描述四轮车辆运动的微元模型,使用该模型可以检验一些路径跟踪算法的有

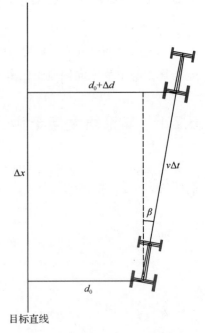

图 5-4 航向角为 β 时的微小位移

效性。

如图 5-5 所示，车辆的前轮轴中点为 A_m，左前轮用 C_l、A_l、E_l 表示，右前轮用 C_r、A_r、E_r 表示，车辆的后轮轴中点为 B_m，左后轮用 D_l、B_l、F_l 表示，右后轮用 D_r、B_r、F_r 表示，轴距为 $A_m B_m = L$，前轮半径为 $A_l C_l = A_l E_l = A_r C_r = A_r E_r = r_f$，后轮半径为 $B_l D_l = B_l F_l = B_r D_r = B_r F_r = r_r$，前轮轮距为 W_f，$A_m A_l = A_m A_r = \dfrac{W_f}{2}$，后轮轮距为 W_r，$B_m B_l = B_m B_r = \dfrac{W_r}{2}$。左前轮转向角为 α_l，右前轮转向角为 α_r，航向角为 ϕ。根据 Ackermann 模型，后轮轴 $B_l B_m B_r$ 的连线、左前轮过中心 A_l 的垂线、右前轮过中心 A_r 的垂线相交于同一点 P，P 即瞬心。

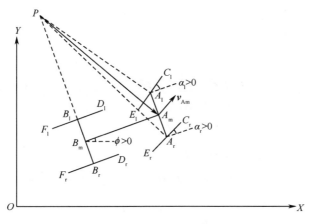

图 5-5 Ackermann 转向模型

第一步，计算点集 $\{A_m, A_l, A_r, B_m, B_l, B_r, C_l, C_r, D_l, D_r, E_l, E_r, F_l, F_r\}$ 和瞬心 P 的位置。

设 $\boldsymbol{B}_m = [x_0, y_0]^T$，根据几何关系，我们可以得到

$$\boldsymbol{A}_m = \boldsymbol{B}_m + [L\cos\phi, L\sin\phi]^T$$

$$\boldsymbol{A}_l = \boldsymbol{A}_m + \left[-\frac{1}{2}W_f\sin\phi, \frac{1}{2}W_f\cos\phi\right]^T$$

$$\boldsymbol{A}_r = \boldsymbol{A}_m - \left[-\frac{1}{2}W_f\sin\phi, \frac{1}{2}W_f\cos\phi\right]^T$$

$$\boldsymbol{B}_l = \boldsymbol{B}_m + \left[-\frac{1}{2}W_r\sin\phi, \frac{1}{2}W_r\cos\phi\right]^T$$

$$\boldsymbol{B}_r = \boldsymbol{B}_m - \left[-\frac{1}{2}W_r\sin\phi, \frac{1}{2}W_r\cos\phi\right]^T$$

$$C_l = A_l + [r_f\cos(\alpha_l+\phi), r_f\sin(\alpha_l+\phi)]^T$$
$$C_r = A_r + [r_f\cos(\alpha_r+\phi), r_f\sin(\alpha_r+\phi)]^T$$
$$E_l = A_l - [r_f\cos(\alpha_l+\phi), r_f\sin(\alpha_l+\phi)]^T$$
$$E_r = A_r - [r_f\cos(\alpha_r+\phi), r_f\sin(\alpha_r+\phi)]^T$$
$$D_l = B_l + [r_r\cos\phi, r_r\sin\phi]^T$$
$$D_r = B_r + [r_r\cos\phi, r_r\sin\phi]^T$$
$$F_l = B_l - [r_r\cos\phi, r_r\sin\phi]^T$$
$$F_r = B_r - [r_r\cos\phi, r_r\sin\phi]^T$$

直线 B_mB_l

$$y = -\cot\phi\cdot(x-x_0)+y_0$$

线段 C_lE_l 的中垂线 PA_l

$$y = -\cot(\alpha_l+\phi)\cdot(x-x_{A_l})+y_{A_l}$$

直线 B_mB_l 与 PA_l 相交于点 P，解方程组得到

$$x_P = \frac{\cot(\alpha_l+\phi)\cdot x_{A_l}+y_{A_l}-\cot\phi\cdot x_0-y_0}{\cot(\alpha_l+\phi)-\cot\phi}$$

$$y_P = -\cot\phi\cdot(x_P-x_0)+y_0$$

第二步，根据车速 v，转向角 $\alpha_l(t), \alpha_r(t)$，初始 $B_m=[x_0,y_0]^T$，初始航向角 ϕ_0，L, r_f, r_r, W_f, W_r，计算车辆在行驶微元时间 Δt 后，点集 $\{A_m, A_l, A_r, B_m, B_l, B_r, C_l, C_r, D_l, D_r, E_l, E_r, F_l, F_r\}$ 和瞬心 P 的位置。

简单地，如果转向角 α_l 一直不变，则点集 $\{A_m, A_l, A_r, B_m, B_l, B_r, C_l, C_r, D_l, D_r, E_l, E_r, F_l, F_r\}$ 围绕 P 点做圆周运动。而对于转向角 α_l 变化或者不变的一般情况，我们总是可以取到足够小的微元时间 Δt，使得在 Δt 内，转向角 α_l 变化很小，以至于可以认为其是常量。车速 v 定义为车辆后轮轴中点 B_m 的线速度，整个车身点集在 Δt 内均以同一角速度 ω_P 围绕 P 点做圆周运动，因此有

$$\omega_P = \frac{v}{|PB_m|}$$

我们用向量 v_{Am} 表示垂直于 PA_m，并且朝向车辆速度方向的单位向量，显然，v_{Am} 就是点 A_m 的线速度方向。

根据 v_{Am} 与 PA_m 垂直的条件，单位向量 v_{Am} 有两个可能的解

$$v_{Am} = \pm\frac{1}{|PA_m|}[y_{PA_m}, -x_{PA_m}]^T$$

考虑向量积 $PA_m\times v_{Am}$ 的四种情况，如图 5-6 所示，在 Δt 内，车辆前进运动时，

左转向轮角度 $α_l > 0$，必然为逆时针圆周运动，向量积 $PA_m \times v_{Am}$ 指向 +z 方向（+z 轴为 NEU 坐标系中的 U 轴，指向天空）；反之，左转向轮角度 $α_l < 0$，必然为顺时针圆周运动，向量积 $PA_m \times v_{Am}$ 指向 –z 方向；车辆倒车时，左转向轮角度 $α_l > 0$，必然为顺时针圆周运动，向量积 $PA_m \times v_{Am}$ 指向 –z 方向；反之，左转向轮角度 $α_l < 0$，必然为逆时针圆周运动，向量积 $PA_m \times v_{Am}$ 指向 +z 方向。

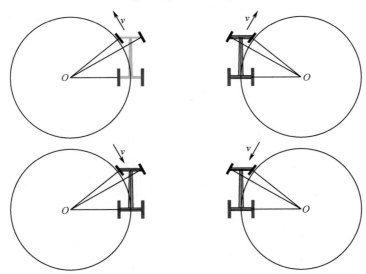

图 5-6 向量积 $PA_m \times v_{Am}$ 的四种情况

计算

$$PA_m \times v_{Am}$$
$$= [0, 0, x_{PA_m} \cdot y_{v_{Am}} - y_{PA_m} \cdot x_{v_{Am}}]^T$$
$$= \pm \frac{1}{|PA_m|}[0, 0, x_{PA_m} \cdot (-x_{PA_m}) - y_{PA_m} \cdot y_{PA_m}]^T$$
$$= \pm(-1)[0, 0, |PA_m|]^T$$

总结为：

$α_l > 0$ 时，为使 $PA_m \times v_{Am} = \pm(-1)[0, 0, |PA_m|]^T$ 的 z 分量为 +，则

$$v_{Am} = -\frac{1}{|PA_m|}[y_{PA_m}, -x_{PA_m}]^T$$

$α_l < 0$ 时，为使 $PA_m \times v_{Am} = \pm(-1)[0, 0, |PA_m|]^T$ 的 z 分量为 –，则

$$v_{Am} = +\frac{1}{|PA_m|}[y_{PA_m}, -x_{PA_m}]^T$$

即前进时

$$\boldsymbol{v}_{Am} = \begin{cases} -\dfrac{1}{|\boldsymbol{PA}_m|}[y_{PA_m}, -x_{PA_m}]^T & \alpha_1 > 0 \\ +\dfrac{1}{|\boldsymbol{PA}_m|}[y_{PA_m}, -x_{PA_m}]^T & \alpha_1 < 0 \end{cases}$$

倒车时

$$\boldsymbol{v}_{Am} = \begin{cases} +\dfrac{1}{|\boldsymbol{PA}_m|}[y_{PA_m}, -x_{PA_m}]^T & \alpha_1 > 0 \\ -\dfrac{1}{|\boldsymbol{PA}_m|}[y_{PA_m}, -x_{PA_m}]^T & \alpha_1 < 0 \end{cases}$$

这样，Δt 时刻时，点 A_m 轨迹坐标发生微位移 $\Delta \boldsymbol{A}_m$，其坐标为

$$\Delta \boldsymbol{A}_m = \omega_P \cdot |\boldsymbol{PA}_m| \cdot \Delta t \cdot \boldsymbol{v}_{Am}$$

点 A_m 坐标得到更新

$$\boldsymbol{A}_m(\Delta t) = \boldsymbol{A}_m(0) + \Delta \boldsymbol{A}_m$$

我们对 B_m 做同样的分析，同样的推导后，得到

前进时

$$\boldsymbol{v}_{Bm} = \begin{cases} -\dfrac{1}{|\boldsymbol{PB}_m|}[y_{PB_m}, -x_{PB_m}]^T & \alpha_1 > 0 \\ +\dfrac{1}{|\boldsymbol{PB}_m|}[y_{PB_m}, -x_{PB_m}]^T & \alpha_1 < 0 \end{cases}$$

倒车时

$$\boldsymbol{v}_{Bm} = \begin{cases} +\dfrac{1}{|\boldsymbol{PB}_m|}[y_{PB_m}, -x_{PB_m}]^T & \alpha_1 > 0 \\ -\dfrac{1}{|\boldsymbol{PB}_m|}[y_{PB_m}, -x_{PB_m}]^T & \alpha_1 < 0 \end{cases}$$

这样，Δt 时刻时，点 B_m 轨迹坐标发生微位移 $\Delta \boldsymbol{B}_m$，其坐标为

$$\Delta \boldsymbol{B}_m = \omega_P \cdot |\boldsymbol{PB}_m| \cdot \Delta t \cdot \boldsymbol{v}_{Bm}$$

点 B_m 坐标得到更新

$$\boldsymbol{B}_m(\Delta t) = \boldsymbol{B}_m(0) + \Delta \boldsymbol{B}_m$$

如图 5-7 所示，航向角 ϕ 是车身 $\boldsymbol{B}_m\boldsymbol{A}_m$ 与 X 轴之间的夹角，并且当 $\boldsymbol{B}_m\boldsymbol{A}_m$ 的 Y 分量为+时，$\phi > 0$，当 $\boldsymbol{B}_m\boldsymbol{A}_m$ 的 Y 分量为−时，$\phi < 0$。

因此，Δt 时刻时，航向角 ϕ 也发生了变化，更新的航向角为

$$\phi(\Delta t) = \arctan \dfrac{y_{A_m}(\Delta t) - y_{B_m}(\Delta t)}{x_{A_m}(\Delta t) - x_{B_m}(\Delta t)}$$

显然，根据更新后的 $\boldsymbol{B}_m(\Delta t)$ 和 $\phi(\Delta t)$，以及转向轮角度 $\alpha_l(\Delta t)$、$\alpha_r(\Delta t)$，可以将车身点集和瞬心 P 的位置进行更新，我们用一个流程图来表示该过程，如图 5-8 所示。

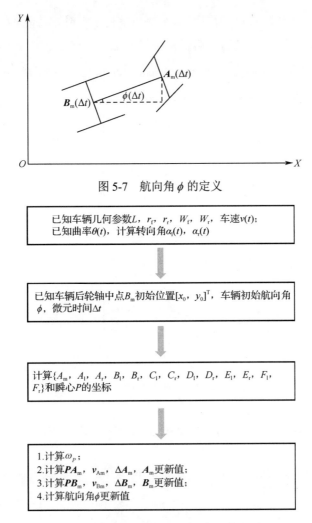

图 5-7 航向角 ϕ 的定义

图 5-8 车辆运动的微元模型计算流程

该流程每隔微元时间 Δt 循环一次，Δt 要足够小，才能更好地"以直代曲"。同时，该模型随时间增长，会出现累积误差。

5.4 Look Ahead Ackermann 算法

本节介绍应用广泛的车辆前视预瞄算法（Look Ahead Ackermann），并介绍对该模型的一些优化工作。前视预瞄算法的核心思想是容易理解的，我们用一个图来直观地解释。

如图 5-9 所示，从时刻 $t_0 = 0$ 开始，车辆以速度 v 行驶，每隔 Δt，根据当前车辆位置 d 和航向 β，以及车辆位置（后轮轴中点）在目标直线上的投影点向前（倒车时向后）一定距离作为前视距离 H（Look Ahead Height），结合车辆 Ackermann 转向模型，得到各时刻车辆转向轮的转向目标角度。

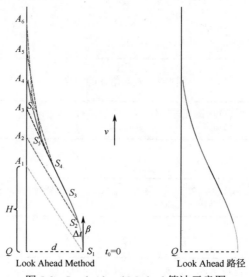

图 5-9　Look Ahead Method 算法示意图

5.4.1　车辆前行时的 Look Ahead Ackermann 公式

情形 1：如图 5-10 所示，$d > 0$，$\beta > 0$，$R_P > 0$。

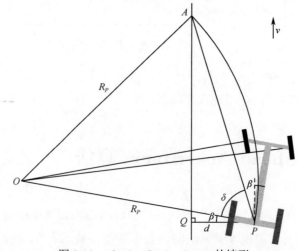

图 5-10　$d > 0$，$\beta > 0$，$R_P > 0$ 的情形

车辆位于目标直线右侧，P 点到目标直线的垂足为 Q，
$$PQ = d$$
车辆与目标直线的夹角 $\beta > 0$，前视距离
$$AQ = H$$

我们以点 O 为圆心、OA 为半径，作圆 O，同时通过 A、P 点，并且在 P 点处，圆 O 与车身中线相切。下面首先计算圆 O 的半径 R_P，在直角三角形 AQP 中，
$$\tan\angle APQ = \frac{AQ}{PQ}$$
$$\angle APQ = \beta + \delta$$
$$AP = \sqrt{|AQ|^2 + |PQ|^2}$$

可以解得
$$\tan(\beta + \delta) = \frac{H}{d}$$
$$AP = \sqrt{H^2 + d^2}$$

进而得到
$$\delta = \arctan\left(\frac{H}{d}\right) - \beta$$
$$\cos\delta = \frac{d}{\sqrt{H^2 + d^2}} \cdot \cos\beta + \frac{H}{\sqrt{H^2 + d^2}} \cdot \sin\beta$$

在三角形 OAP 中，由余弦定理得到
$$|AP|^2 + |OP|^2 - 2|AP||OP|\cos\delta = |OA|^2$$

又 $OA = OP = R_P$，于是得到
$$(H^2 + d^2) + R_P^2 - 2R_P\sqrt{H^2 + d^2}\left(\frac{d}{\sqrt{H^2 + d^2}} \cdot \cos\beta + \frac{H}{\sqrt{H^2 + d^2}} \cdot \sin\beta\right) = R_P^2$$

化简得到
$$R_P = \frac{H^2 + d^2}{2(d \cdot \cos\beta + H \cdot \sin\beta)}$$

这就是 Look Ahead Method 计算出来的当前需要的转弯半径，根据该转弯半径由 Ackermann Model 可计算出所需要的转向角 α，根据 Ackermann Model，我们有

$$\alpha_l = \text{arccot}\frac{R_P - \dfrac{W_f}{2}}{L}$$

$$\alpha_r = \text{arccot}\frac{R_P + \dfrac{W_f}{2}}{L}$$

$$\alpha = \operatorname{arccot} \frac{R_P}{L}$$

将 $R_P = \dfrac{H^2 + d^2}{2(d \cdot \cos\beta + H \cdot \sin\beta)}$ 代入上面三式可得

$$\alpha_l = \arctan \frac{2L \cdot (d \cdot \cos\beta + H \cdot \sin\beta)}{(H^2 + d^2) - W_f \cdot (d \cdot \cos\beta + H \cdot \sin\beta)}$$

$$\alpha_r = \arctan \frac{2L \cdot (d \cdot \cos\beta + H \cdot \sin\beta)}{(H^2 + d^2) + W_f \cdot (d \cdot \cos\beta + H \cdot \sin\beta)}$$

$$\alpha = \arctan \frac{2L \cdot (d \cdot \cos\beta + H \cdot \sin\beta)}{H^2 + d^2}$$

情形 2：如图 5-11 所示，$d < 0$，$\beta < 0$，$R_P < 0$。

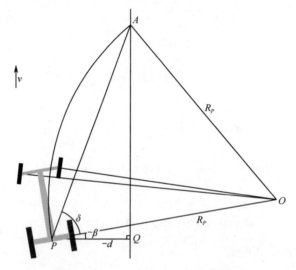

图 5-11 $d < 0$，$\beta < 0$，$R_P < 0$ 的情形

车辆位于目标直线左侧，并且 $d < 0$，$\beta < 0$，P 点到目标直线的垂足为 Q，

$$PQ = -d$$

前视距离

$$AQ = H$$

我们以 O 为圆心、OA 为半径，作圆 O，同时通过 A、P 点，并且在 P 点处，圆 O 与车身中线相切。下面首先计算圆 O 的半径 R_P，在直角三角形 AQP 中，

$$\tan \angle APQ = \frac{AQ}{PQ}$$

$$\angle APQ = -\beta + \delta$$

$$AP = \sqrt{|AQ|^2 + |PQ|^2}$$

可以解得
$$\tan(\delta - \beta) = \frac{H}{-d}$$
$$AP = \sqrt{H^2 + d^2}$$

进而得到
$$\delta = \arctan\left(\frac{H}{-d}\right) + \beta$$
$$\cos\delta = \frac{-d}{\sqrt{H^2 + d^2}} \cdot \cos\beta - \frac{H}{\sqrt{H^2 + d^2}} \cdot \sin\beta$$

在三角形 OAP 中，由余弦定理得到
$$|AP|^2 + |OP|^2 - 2|AP||OP|\cos\delta = |OA|^2$$

又 $OA=OP=R_P$，于是得到
$$(H^2 + d^2) + R_P^2 - 2R_P\sqrt{H^2 + d^2}\left(\frac{-d}{\sqrt{H^2 + d^2}} \cdot \cos\beta - \frac{H}{\sqrt{H^2 + d^2}} \cdot \sin\beta\right) = R_P^2$$

化简得到
$$R_P = -\frac{H^2 + d^2}{2(d \cdot \cos\beta + H \cdot \sin\beta)}$$

该式中 $R_P > 0$，考虑 R_P 带负号时
$$R_P = \frac{H^2 + d^2}{2(d \cdot \cos\beta + H \cdot \sin\beta)} < 0$$

于是
$$\alpha_1 = \arctan\frac{2L \cdot (d \cdot \cos\beta + H \cdot \sin\beta)}{(H^2 + d^2) - W_f \cdot (d \cdot \cos\beta + H \cdot \sin\beta)}$$
$$\alpha_r = \arctan\frac{2L \cdot (d \cdot \cos\beta + H \cdot \sin\beta)}{(H^2 + d^2) + W_f \cdot (d \cdot \cos\beta + H \cdot \sin\beta)}$$
$$\alpha = \arctan\frac{2L \cdot (d \cdot \cos\beta + H \cdot \sin\beta)}{H^2 + d^2}$$

情形 3：如图 5-12 所示，$d > 0$，$\beta < 0$，$R_P < 0$。

车辆位于目标直线右侧，并且 $d > 0$，$\beta < 0$，P 点到目标直线的垂足为 Q，
$$PQ = d$$

前视距离
$$AQ = H$$

我们以 O 为圆心，OA 为半径，作圆 O，同时通过 A、P 点，并且在 P 点处，圆 O 与车身中线相切。下面首先计算圆 O 的半径，在直角三角形 AQP 中，

$$\tan \angle APQ = \frac{AQ}{PQ}$$
$$\angle APQ = \delta$$
$$AP = \sqrt{|AQ|^2 + |PQ|^2}$$

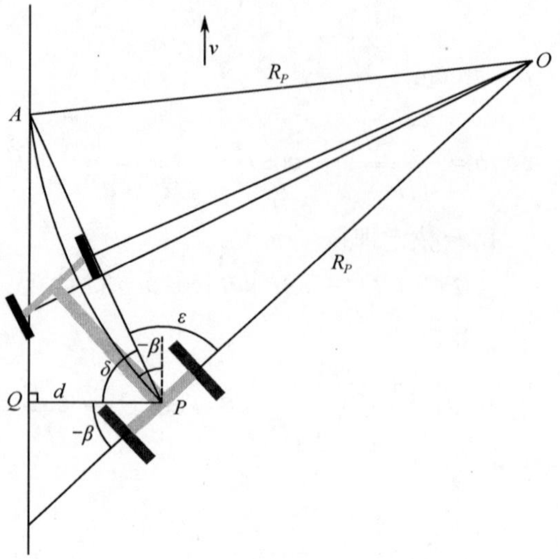

图 5-12 $d>0$,$\beta<0$,$R_P<0$ 的情形

可以解得
$$\tan \delta = \frac{H}{d}$$
$$AP = \sqrt{H^2 + d^2}$$

进而得到
$$\delta = \arctan \frac{H}{d}$$
$$\cos \delta = \frac{d}{\sqrt{H^2 + d^2}}$$

另有
$$\varepsilon + \delta - \beta = \pi$$

于是
$$\cos \varepsilon = \cos(\pi + \beta - \delta) = -\cos(\beta - \delta)$$
$$= -\cos \beta \cos \delta - \sin \beta \sin \delta = -\left(\cos \beta \frac{d}{\sqrt{H^2 + d^2}} + \sin \beta \frac{H}{\sqrt{H^2 + d^2}} \right)$$

在三角形 OAP 中,由余弦定理得到

$$|AP|^2 + |OP|^2 - 2|AP||OP|\cos\varepsilon = |OA|^2$$

于是得到

$$(H^2 + d^2) + R_P^2 - 2R_P\sqrt{H^2 + d^2}\left(-\frac{d}{\sqrt{H^2 + d^2}}\cos\beta - \frac{H}{\sqrt{H^2 + d^2}}\sin\beta\right) = R_P^2$$

化简得到

$$R_P = -\frac{H^2 + d^2}{2(d\cos\beta + H\sin\beta)}$$

该式中 $R_P > 0$，考虑 R_P 带负号，则

$$R_P = \frac{H^2 + d^2}{2(d \cdot \cos\beta + H \cdot \sin\beta)} < 0$$

于是

$$\alpha_1 = \arctan\frac{2L \cdot (d \cdot \cos\beta + H \cdot \sin\beta)}{(H^2 + d^2) - W_f \cdot (d \cdot \cos\beta + H \cdot \sin\beta)}$$

$$\alpha_r = \arctan\frac{2L \cdot (d \cdot \cos\beta + H \cdot \sin\beta)}{(H^2 + d^2) + W_f \cdot (d \cdot \cos\beta + H \cdot \sin\beta)}$$

$$\alpha = \arctan\frac{2L \cdot (d \cdot \cos\beta + H \cdot \sin\beta)}{H^2 + d^2}$$

情形 4：如图 5-13 所示，$d < 0$，$\beta > 0$，$R_P > 0$。

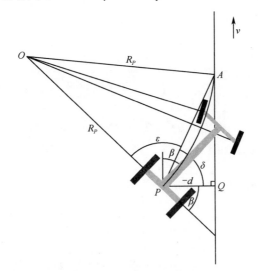

图 5-13　$d < 0$，$\beta > 0$，$R_P > 0$ 的情形

车辆位于目标直线左侧，P 点到目标直线的垂足为 Q，

$$PQ = -d$$

车辆与目标直线的夹角 $\beta > 0$，前视距离
$$AQ = H$$

我们以 O 为圆心，OA 为半径，作圆 O，同时通过 A、P 点，并且在 P 点处，圆 O 与车身中线相切。下面首先计算圆 O 的半径，在直角三角形 AQP 中，

$$\tan \angle APQ = \frac{AQ}{PQ}$$

$$\angle APQ = \delta$$

$$AP = \sqrt{|AQ|^2 + |PQ|^2}$$

可以解得

$$\tan \delta = \frac{H}{-d}$$

$$AP = \sqrt{H^2 + d^2}$$

进而得到

$$\delta = \arctan\left(\frac{H}{-d}\right)$$

$$\cos \delta = \frac{-d}{\sqrt{H^2 + d^2}}$$

另有

$$\varepsilon + \delta + \beta = \pi$$

于是

$$\cos \varepsilon = \cos(\pi - \beta - \delta) = -\cos(\beta + \delta) = \frac{d}{\sqrt{H^2 + d^2}} \cos \beta + \frac{H}{\sqrt{H^2 + d^2}} \sin \beta$$

在三角形 OAP 中，由余弦定理得到

$$|AP|^2 + |OP|^2 - 2|AP||OP|\cos \varepsilon = |OA|^2$$

于是得到

$$(H^2 + d^2) + R_P^2 - 2R_P \sqrt{H^2 + d^2} \left(\frac{d}{\sqrt{H^2 + d^2}} \cdot \cos \beta + \frac{H}{\sqrt{H^2 + d^2}} \cdot \sin \beta\right) = R_P^2$$

化简得到

$$R_P = \frac{H^2 + d^2}{2(d \cdot \cos \beta + H \cdot \sin \beta)}$$

进而得到

$$\alpha_1 = \arctan \frac{2L \cdot (d \cdot \cos \beta + H \cdot \sin \beta)}{(H^2 + d^2) - W_f \cdot (d \cdot \cos \beta + H \cdot \sin \beta)}$$

$$\alpha_\mathrm{r} = \arctan \frac{2L \cdot (d \cdot \cos\beta + H \cdot \sin\beta)}{(H^2 + d^2) + W_\mathrm{f} \cdot (d \cdot \cos\beta + H \cdot \sin\beta)}$$

$$\alpha = \arctan \frac{2L \cdot (d \cdot \cos\beta + H \cdot \sin\beta)}{H^2 + d^2}$$

四种情形均已讨论完毕，综上所述，我们得到车辆前行时 Look Ahead Ackermann Method 的表达公式，对于所有情况均适用：

$$\boxed{\begin{aligned}\alpha_\mathrm{l} &= \arctan \frac{2L \cdot (d \cdot \cos\beta + H \cdot \sin\beta)}{(H^2 + d^2) - W_\mathrm{f} \cdot (d \cdot \cos\beta + H \cdot \sin\beta)} \\ \alpha_\mathrm{r} &= \arctan \frac{2L \cdot (d \cdot \cos\beta + H \cdot \sin\beta)}{(H^2 + d^2) + W_\mathrm{f} \cdot (d \cdot \cos\beta + H \cdot \sin\beta)} \\ \alpha &= \arctan \frac{2L \cdot (d \cdot \cos\beta + H \cdot \sin\beta)}{H^2 + d^2}\end{aligned}}$$

5.4.2 车辆倒车时的 Look Ahead Ackermann 公式

接下来讨论倒车时的公式。

情形 1：如图 5-14 所示，$d > 0$，$\beta > 0$，$R_P > 0$。

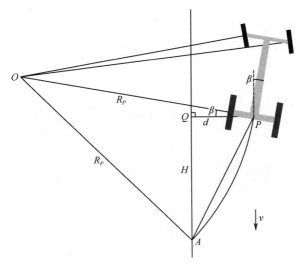

图 5-14 $d > 0$，$\beta > 0$，$R_P > 0$ 的情形

解直角三角形 AQP 得

$$\tan \angle APQ = \frac{H}{d}$$

$$AP = \sqrt{H^2 + d^2}$$

又有
$$\angle APO = \angle APQ + \beta$$

由余弦定理得，在 $\triangle AOP$ 中
$$|AP|^2 + |OP|^2 - 2|AP||OP|\cos\angle APO = |OA|^2$$

解得
$$(H^2 + d^2) + R_P^2 - 2R_P\sqrt{H^2 + d^2}\left(\frac{d}{\sqrt{H^2 + d^2}}\cdot\cos\beta - \frac{H}{\sqrt{H^2 + d^2}}\cdot\sin\beta\right) = R_P^2$$

即
$$R_P = \frac{H^2 + d^2}{2(d\cdot\cos\beta - H\cdot\sin\beta)}$$

根据 Ackermann Model 可得
$$\alpha_l = \arctan\frac{2L\cdot(d\cdot\cos\beta - H\cdot\sin\beta)}{(H^2 + d^2) - W_f\cdot(d\cdot\cos\beta - H\cdot\sin\beta)}$$
$$\alpha_r = \arctan\frac{2L\cdot(d\cdot\cos\beta - H\cdot\sin\beta)}{(H^2 + d^2) + W_f\cdot(d\cdot\cos\beta - H\cdot\sin\beta)}$$
$$\alpha = \arctan\frac{2L\cdot(d\cdot\cos\beta - H\cdot\sin\beta)}{H^2 + d^2}$$

这和前行时的公式不一样。

情形 2：如图 5-15 所示，$d < 0$，$\beta < 0$，$R_P < 0$。

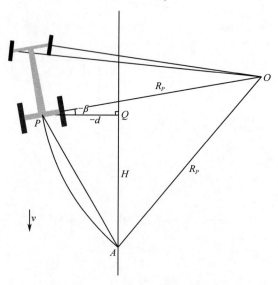

图 5-15　$d < 0$，$\beta < 0$，$R_P < 0$ 的情形

解直角三角形 AQP 得

$$\tan\angle APQ = \frac{H}{-d}$$

$$AP = \sqrt{H^2 + d^2}$$

又有

$$\angle APO = \angle APQ - \beta$$

由余弦定理得,在 $\triangle AOP$ 中

$$|AP|^2 + |OP|^2 - 2|AP||OP|\cos\angle APO = |OA|^2$$

解得

$$(H^2 + d^2) + R_P^2 - 2R_P\sqrt{H^2 + d^2}\left(-\frac{d}{\sqrt{H^2 + d^2}}\cdot\cos\beta + \frac{H}{\sqrt{H^2 + d^2}}\cdot\sin\beta\right) = R_P^2$$

即

$$R_P = -\frac{H^2 + d^2}{2(d\cdot\cos\beta - H\cdot\sin\beta)}$$

根据 Ackermann Model 可得

$$\alpha_l = \arctan\frac{2L\cdot(d\cdot\cos\beta - H\cdot\sin\beta)}{(H^2 + d^2) - W_f\cdot(d\cdot\cos\beta - H\cdot\sin\beta)}$$

$$\alpha_r = \arctan\frac{2L\cdot(d\cdot\cos\beta - H\cdot\sin\beta)}{(H^2 + d^2) + W_f\cdot(d\cdot\cos\beta - H\cdot\sin\beta)}$$

$$\alpha = \arctan\frac{2L\cdot(d\cdot\cos\beta - H\cdot\sin\beta)}{H^2 + d^2}$$

情形 3:如图 5-16 所示,$d > 0$,$\beta < 0$,$R_P > 0$。

解直角三角形 AQP 得

$$\tan\angle APQ = \frac{H}{d}$$

$$AP = \sqrt{H^2 + d^2}$$

又有

$$\angle APO = \angle APQ - (-\beta) = \angle APQ + \beta$$

由余弦定理得,在 $\triangle AOP$ 中

$$|AP|^2 + |OP|^2 - 2|AP||OP|\cos\angle APO = |OA|^2$$

解得

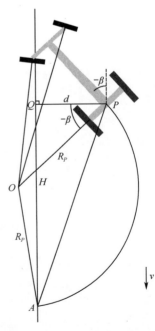

图 5-16 $d > 0$,$\beta < 0$,$R_P > 0$ 的情形

$$(H^2+d^2)+R_P^2-2R_P\sqrt{H^2+d^2}\left(\frac{d}{\sqrt{H^2+d^2}}\cdot\cos\beta-\frac{H}{\sqrt{H^2+d^2}}\cdot\sin\beta\right)=R_P^2$$

即

$$R_P=\frac{H^2+d^2}{2(d\cdot\cos\beta-H\cdot\sin\beta)}$$

根据 Ackermann Model 可得

$$\alpha_1=\arctan\frac{2L\cdot(d\cdot\cos\beta-H\cdot\sin\beta)}{(H^2+d^2)-W_f\cdot(d\cdot\cos\beta-H\cdot\sin\beta)}$$

$$\alpha_r=\arctan\frac{2L\cdot(d\cdot\cos\beta-H\cdot\sin\beta)}{(H^2+d^2)+W_f\cdot(d\cdot\cos\beta-H\cdot\sin\beta)}$$

$$\alpha=\arctan\frac{2L\cdot(d\cdot\cos\beta-H\cdot\sin\beta)}{H^2+d^2}$$

情形 4：如图 5-17 所示，$d<0$，$\beta>0$，$R_P<0$。

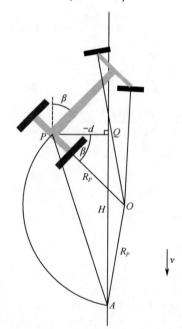

图 5-17　$d<0$，$\beta>0$，$R_P<0$ 的情形

解直角三角形 AQP 得

$$\tan\angle APQ=\frac{H}{-d}$$

$$AP=\sqrt{H^2+d^2}$$

又有

$$\angle APO = \angle APQ - \beta$$

由余弦定理得，在三角形 AOP 中

$$|AP|^2 + |OP|^2 - 2|AP||OP|\cos \angle APO = |OA|^2$$

解得

$$(H^2 + d^2) + R_P^2 - 2R_P\sqrt{H^2 + d^2}\left(-\frac{d}{\sqrt{H^2+d^2}}\cdot \cos\beta + \frac{H}{\sqrt{H^2+d^2}}\cdot \sin\beta\right) = R_P^2$$

即

$$R_P = -\frac{H^2 + d^2}{2(d\cdot\cos\beta - H\cdot\sin\beta)}$$

根据 Ackermann Model 可得

$$\alpha_l = \arctan\frac{2L\cdot(d\cdot\cos\beta - H\cdot\sin\beta)}{(H^2+d^2) - W_f\cdot(d\cdot\cos\beta - H\cdot\sin\beta)}$$

$$\alpha_r = \arctan\frac{2L\cdot(d\cdot\cos\beta - H\cdot\sin\beta)}{(H^2+d^2) + W_f\cdot(d\cdot\cos\beta - H\cdot\sin\beta)}$$

$$\alpha = \arctan\frac{2L\cdot(d\cdot\cos\beta - H\cdot\sin\beta)}{H^2+d^2}$$

综上所述，我们得到当车辆倒车时 Look Ahead Ackermann Method 的表达公式：

$$\boxed{\begin{aligned}\alpha_l &= \arctan\frac{2L\cdot(d\cdot\cos\beta - H\cdot\sin\beta)}{(H^2+d^2) - W_f\cdot(d\cdot\cos\beta - H\cdot\sin\beta)} \\ \alpha_r &= \arctan\frac{2L\cdot(d\cdot\cos\beta - H\cdot\sin\beta)}{(H^2+d^2) + W_f\cdot(d\cdot\cos\beta - H\cdot\sin\beta)} \\ \alpha &= \arctan\frac{2L\cdot(d\cdot\cos\beta - H\cdot\sin\beta)}{H^2+d^2}\end{aligned}}$$

与车辆前行时的公式相比，其实只需要将前行时的公式 β 前面加负号即可得到。

5.5　一种好的 Look Ahead Height 定义

Look Ahead Ackermann Method（简记为 LAA 算法）中的 L、W_f 是车辆固有几何参数，d、β 是车辆相对目标直线的变量，前视距离 H 是一个我们新引入的距离参数。下面讨论 H 的具体计算方法，我们直接给出一种"好的" H 的定义（"好的"指的是在一个大量应用的实例中，这种定义 H 的方式表现出色）。

如图 5-18 所示，前行时 H 定义如下。

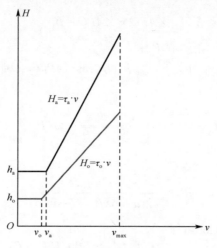

图 5-18 前行时 H 定义

（1）当车辆距离目标直线较远或车身方向距离目标直线航向较偏或二者皆有，即 $|d| > d_{o|a}$ 或 $|\beta| > \beta_{o|a}$ 时（在应用实例中，$d_{o|a} = 0.2\text{m}$，$\beta_{o|a} = 5°$），我们认为车辆处于"approach"目标直线的状态，定义"approach"时的 H 为 H_a

$$H_a = \max(h_a, \tau_a \cdot v) \quad 0 < v \leq v_{max}, \quad |d| > d_{o|a} \text{ 或 } |\beta| > \beta_{o|a}$$

（2）当车辆距离目标直线较近，同时车身方向与目标直线航向较接近，即 $|d| \leq d_{o|a}$，$|\beta| \leq \beta_{o|a}$ 时（在应用实例中，$d_{o|a} = 0.2\text{m}$，$\beta_{o|a} = 5°$），我们认为车辆处于"online"的状态，定义"online"时的 H 为 H_o

$$H_o = \max(h_o, \tau_o \cdot v) \quad 0 < v \leq v_{max}, \quad |d| \leq d_{o|a}, \quad |\beta| \leq \beta_{o|a}$$

其中，τ_a, τ_o 分别为"approach"或"online"时的 Look Ahead Time，单位为秒。

如图 5-19 所示，倒车时 H 定义为：

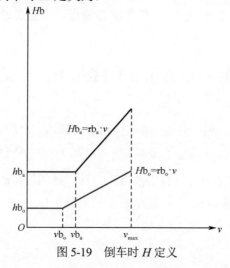

图 5-19 倒车时 H 定义

(1) 当 $|d| > d_{o|a}$ 或 $|\beta| > \beta_{o|a}$ 时（在应用实例中，$d_{o|a} = 0.2\text{m}$，$\beta_{o|a} = 5°$），我们认为车辆处于"back approach"目标直线的状态，定义"back approach"时的 H 为 Hb_a。

$$Hb_a = \max(hb_a, \tau b_a \cdot v) \quad 0 < v \leq v_{\max}, \quad |d| > d_{o|a} \text{ 或 } |\beta| > \beta_{o|a}$$

(2) 当 $|d| \leq d_{o|a}$，$|\beta| \leq \beta_{o|a}$ 时（在应用实例中，$d_{o|a} = 0.2\text{m}$，$\beta_{o|a} = 5°$），我们认为车辆处于"back online"的状态，定义"back online"时的 H 为 Hb_o。

$$Hb_o = \max(hb_o, \tau b_o \cdot v) \quad 0 < v \leq v_{\max}, \quad |d| \leq d_{o|a}, \quad |\beta| \leq \beta_{o|a}$$

其中，τb_a，τb_o 分别为"back approach"或"back online"时的 Look Ahead Time，单位为秒。

Look Ahead Height 中 H 的定义与人的驾驶经验极其相似，在车速允许范围内（$0 < v \leq v_{\max}$）：车速极低时，人眼"盯着"前方目标直线上一个固定距离行进，正常车速时，随着速度增大，人眼需要"盯着"前方目标直线上一个更远的距离行进，倒车也是如此。所以，上述 LAA 算法中的 H 定义是比较接近人的驾驶经验的。下面，我们将 LAA 算法运行在车辆运动微元模型上，可以考察 LAA 的效果。采用车辆运动微元模型主要原因有二：一是使用与 LAA 算法完全不相关的模型来验证 LAA 更客观，二是尝试对 LAA 演化过程进行计算，过程太烦琐，我们只在 5.6 节给出 LAA 近似求解。

LAA_Simu.m 程序：

```
close all,clear all,clc
L=2.3;W_f=1.7;W_r=1.7;r_f=0.6;r_r=0.8;%车辆几何尺寸
v=3;
fb=-1;%前行为1，倒车为-1
x0=0;y0=5;
phy=-20*pi/180;
ni=2000;%运算次数
dt=0.005;%微元时间
DT=0.1;
m=DT/dt;

%角度传感器补偿误差
error_alpha_L=0.1*pi/180;%静态误差 α_L
max_error_hydro_follow=0.5*pi/180;
% 最大液压跟随误差，实际液压跟随误差介于 [-max_error_hydro_follow,max_error_
hydro_follow]之间，并且是随机误差

aviobj=avifile('LAA.avi','fps',24);box on;
for i=1:ni
    BM(i,:)=[x0,y0];
    AM(i,:)=BM(i,:)+[L*cos(phy),L*sin(phy)];
```

```
%LAA 算法
d=-y0;
beta=-phy;
if abs(d)<0.2 && abs(beta)<5*pi/180
    H=max(2,1.2*v);%onlie
else
    H=max(4,2*v);%approach
end
if i==1 || i/m-floor(i/m)==0%每 DT 更新一次 alpha_L 和 alpha_R
    alpha_L=atan(2*L*(d*cos(fb*beta)+H*sin(fb*beta))/((H^2+d^2)-W_f*(d*cos(fb*beta)+H*sin(fb*beta))))+error_alpha_L+(2*rand-1)*max_error_hydro_follow;
    alpha_R=acot(cot(alpha_L)+W_f/L);
end

%车辆几何
AL(i,:)=AM(i,:)+[-W_f/2*sin(phy),W_f/2*cos(phy)];
AR(i,:)=AM(i,:)-[-W_f/2*sin(phy),W_f/2*cos(phy)];
BL(i,:)=BM(i,:)+[-W_r/2*sin(phy),W_r/2*cos(phy)];
BR(i,:)=BM(i,:)-[-W_r/2*sin(phy),W_r/2*cos(phy)];
CL(i,:)=AL(i,:)+[r_f*cos(alpha_L+phy),r_f*sin(alpha_L+phy)];
EL(i,:)=AL(i,:)-[r_f*cos(alpha_L+phy),r_f*sin(alpha_L+phy)];
CR(i,:)=AR(i,:)+[r_f*cos(alpha_R+phy),r_f*sin(alpha_R+phy)];
ER(i,:)=AR(i,:)-[r_f*cos(alpha_R+phy),r_f*sin(alpha_R+phy)];
DL(i,:)=BL(i,:)+[r_r*cos(phy),r_r*sin(phy)];
FL(i,:)=BL(i,:)-[r_r*cos(phy),r_r*sin(phy)];
DR(i,:)=BR(i,:)+[r_r*cos(phy),r_r*sin(phy)];
FR(i,:)=BR(i,:)-[r_r*cos(phy),r_r*sin(phy)];

%瞬心 P
xp=(cot(alpha_L+phy)*AL(i,1)+AL(i,2)-cot(phy)*x0-y0)/(cot(alpha_L+phy)-cot(phy));
yp=-cot(phy)*(xp-x0)+y0;
P(i,:)=[xp,yp];
omega_p=v/sqrt((BM(i,1)-P(i,1))^2+(BM(i,2)-P(i,2))^2);

%更新 AM
vec_PAM=AM(i,:)-P(i,:);
if alpha_L>0
    vec_AM=-fb*[vec_PAM(2)/sqrt(vec_PAM(1)^2+vec_PAM(2)^2),-vec_PAM(1)/sqrt(vec_PAM(1)^2+vec_PAM(2)^2)];
elseif alpha_L<0
    vec_AM=fb*[vec_PAM(2)/sqrt(vec_PAM(1)^2+vec_PAM(2)^2),-vec_PAM(1)/sqrt(vec_PAM(1)^2+vec_PAM(2)^2)];
end
delta_AM=omega_p*sqrt((AM(i,1)-P(i,1))^2+(AM(i,2)-P(i,2))^2)*dt*vec_AM;
AM(i+1,:)=AM(i,:)+delta_AM;
```

```
%更新 BM
vec_PBM=BM(i,:)-P(i,:);
if alpha_L>0
    vec_BM=-fb*[vec_PBM(2)/sqrt(vec_PBM(1)^2+vec_PBM(2)^2),-vec_PBM(1)/sqrt(vec_PBM(1)^2+vec_PBM(2)^2)];
elseif alpha_L<0
    vec_BM=fb*[vec_PBM(2)/sqrt(vec_PBM(1)^2+vec_PBM(2)^2),-vec_PBM(1)/sqrt(vec_PBM(1)^2+vec_PBM(2)^2)];
end
delta_BM=omega_p*sqrt((BM(i,1)-P(i,1))^2+(BM(i,2)-P(i,2))^2)*dt*vec_BM;
BM(i+1,:)=BM(i,:)+delta_BM;
x0=BM(i+1,1);y0=BM(i+1,2);

%更新 phy
phy=atan((AM(i+1,2)-BM(i+1,2))/(AM(i+1,1)-BM(i+1,1)));

set(gcf,'Position',[200,0,700,650]),hold on,axis equal,grid on
axis([-15 15 -15 15])
plot([-50 50],[0 0],'y-','linewidth',3)

plot([AM(i,1),BM(i,1)],[AM(i,2),BM(i,2)],'k-','linewidth',5)
plot([AL(i,1),AR(i,1)],[AL(i,2),AR(i,2)],'k-','linewidth',5)
plot([BL(i,1),BR(i,1)],[BL(i,2),BR(i,2)],'k-','linewidth',5)
plot([FL(i,1),DL(i,1)],[FL(i,2),DL(i,2)],'k-','linewidth',5)
plot([FR(i,1),DR(i,1)],[FR(i,2),DR(i,2)],'k-','linewidth',5)
plot([EL(i,1),CL(i,1)],[EL(i,2),CL(i,2)],'g-','linewidth',5)
plot([ER(i,1),CR(i,1)],[ER(i,2),CR(i,2)],'g-','linewidth',5)
plot(BM(:,1),BM(:,2),'r.','linewidth',3)
plot(P(:,1),P(:,2),'m-o','linewidth',1)

F=getframe(gcf);
aviobj=addframe(aviobj,F);
clf;
i=i+1;
end
aviobj=close(aviobj);%动画，每一帧为 dt 时间内计算出的车辆位置图

hold on,axis equal
axis([-20 20 -10 10])
plot([-50 50],[0 0],'y-','linewidth',3)
for i=[1 floor(0.33*ni) floor(0.67*ni) ni]
    plot([AM(i,1),BM(i,1)],[AM(i,2),BM(i,2)],'k-','linewidth',5)
    plot([AL(i,1),AR(i,1)],[AL(i,2),AR(i,2)],'k-','linewidth',5)
    plot([BL(i,1),BR(i,1)],[BL(i,2),BR(i,2)],'k-','linewidth',5)
    plot([FL(i,1),DL(i,1)],[FL(i,2),DL(i,2)],'k-','linewidth',5)
    plot([FR(i,1),DR(i,1)],[FR(i,2),DR(i,2)],'k-','linewidth',5)
    plot([EL(i,1),CL(i,1)],[EL(i,2),CL(i,2)],'g-','linewidth',5)
```

```
        plot([ER(i,1),CR(i,1)],[ER(i,2),CR(i,2)],'g-','linewidth',5)
    end
    plot(BM(:,1),BM(:,2),'r.','linewidth',3)
    xlabel('x'),ylabel('y')
```

以上程序模拟了车速 3m/s 倒车上线的过程，初始值为 $d = -5\text{m}$，$\beta = 20°$，LAA 计算车轮转角的时间间隔为 0.1s，车辆运动微元模型计算时间间隔为 5ms，前视距离

$$H_o = Hb_o = \max(2, 1.2 \cdot v)$$
$$H_a = Hb_a = \max(4, 2 \cdot v)$$

倒车 LAA 轨迹图如图 5-20 所示。

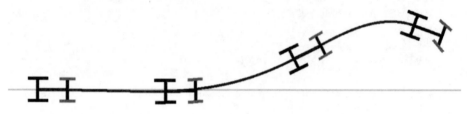

图 5-20 倒车 LAA 轨迹图

特别地，我们在程序中引入两个误差量：

① 角度传感器补偿静差：e_{α_1}，根据 5.6 节的推论易得 $e_{\alpha_1} = \dfrac{2L}{H^2}d^*$ 或 $d^* = \dfrac{H^2}{2L}e_{\alpha_1}$，其中，$d^*$ 为稳态偏差。上述程序中 $e_{\alpha_1} = 0.1° \times \pi/180°$，会产生 $d^* = 0.005\text{m}$ 的稳态偏差。为了更加明显，我们设置 $e_{\alpha_1} = 2° \times \pi/180°$，并保留液压跟随误差，预计会产生 $d^* = 0.10\text{m}$ 的稳态偏差，如图 5-21 所示，稳态误差为 0.10m 左右。

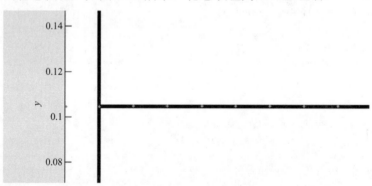

图 5-21 角度传感器补偿静差导致的横向偏差

② 液压跟随误差 e_{hydro}：在实际应用中，采用液压驱动转向轮跟随 LAA 目标转角转动时，会产生液压跟随误差 e_{hydro}，该误差暂时没有一个明确的模型。在上述程序中，e_{hydro} 定义为一个随机误差，$e_{\text{hydro}} \in [-0.5°, 0.5°]$。为了更加明显，设置 $e_{\text{hydro}} \in [-3°, 3°]$，

$e_{\alpha_1} = 0.1° \times \pi/180°$。根据模拟结果可以看到偏差 d 在 $-0.03 \sim +0.04$m 之间变化。实际应用中的液压跟随误差更加复杂，对偏差 d 的影响会更大。

下面我们讨论不同的前视距离 H 对上线轨迹的影响，以前行时 v=3m/s 为例。

① H_a=10m，H_o=5m 轨迹图如图 5-22 所示。

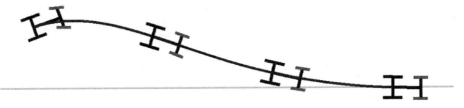

图 5-22　H_a=10m，H_o=5m 轨迹图

② H_a=6m，H_o=3.6m 轨迹图如图 5-23 所示。

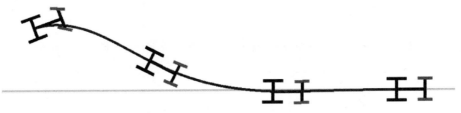

图 5-23　H_a=6m，H_o=3.6m 轨迹图

③ H_a=3m，H_o=2.4m 轨迹图如图 5-24 所示。

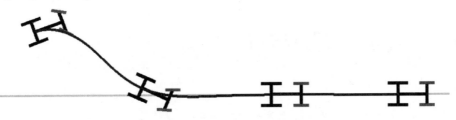

图 5-24　H_a=3m，H_o=2.4m 轨迹图

④ H_a=2m，H_o=1.6m 轨迹图如图 5-25 所示。

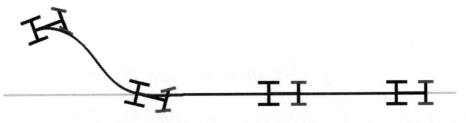

图 5-25　H_a=2m，H_o=1.6m 轨迹图

可以看到不同的前视距离 H 对于上线轨迹影响非常大（在线精度由于和液压跟随误差严密相关，而液压跟随误差模型不明确，故不讨论），在实际应用中，要通过调试来确定前视距离 H 的相关参数。

当 H_a=3m，H_o=2.4m 时，不考虑 e_{α_1}、e_{hydro}，可以得到"approach"和"online"整个过程的 $\alpha_1(t)$ 曲线，如图 5-26 所示。可以看到"approach"曲线与"online"曲线均为光滑连续曲线，但在二者交接处，0.1s 的时间间隔内会产生 12−10.2=1.8° 的转向冲击。

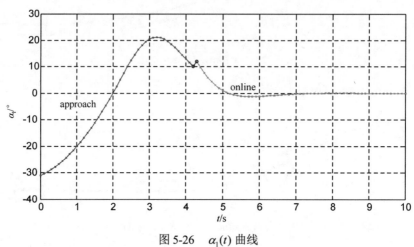

图 5-26　$\alpha_1(t)$ 曲线

5.6　二阶方程与避障规划

5.6.1　与 LAA 近似的一个二阶方程

车辆前行的 LAA 算法公式为
$$\alpha = \arctan \frac{2L \cdot (d \cdot \cos\beta + H \cdot \sin\beta)}{H^2 + d^2}$$

当 $|d|$、$|\beta|$ 均为较小的量时
$$\alpha \approx \frac{2L \cdot (d + H \cdot \beta)}{H^2} = \frac{2L}{H^2}d + \frac{2L}{H}\beta$$

定义

$$\alpha^* = \frac{2L}{H^2}d + \frac{2L}{H}\beta$$

在 d、β 平面上,在 $|d| \leq 1\mathrm{m}$,$|\beta| \leq 20°$ 的范围内,我们考察以 α^* 代替 α 产生的误差 $e = \alpha^* - \alpha$。

error_alpha.m

```
clear,clc,close
L=2.3;H=5;
d=-1:0.1:1;
beta=-20*pi/180:2*pi/180:20*pi/180;
[X,Y]=meshgrid(d,beta);
for i=1:numel(beta)
    for j=1:numel(d)
        alpha(i,j)=(atan(2*L*(X(i,j)*cos(Y(i,j))+H*sin(Y(i,j)))/((H^2+X(i,j)^2))))*180/pi;
        alpha1(i,j)=(2*L/H^2*X(i,j)+2*L/H*Y(i,j))*180/pi;
        e(i,j)=alpha1(i,j)-alpha(i,j);
    end
end
hold on,grid on
surf(X,Y,e),surf(X,Y,alpha),surf(X,Y,alpha1)
legend('e','\alpha','\alpha*')
xlabel('d/m'),ylabel('\beta/° '),zlabel('error/° ')
title('difference between \alpha and \alpha*')
```

运行程序得到 α,α^*,e 对比图,如图 5-27 所示。

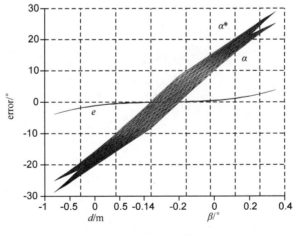

图 5-27 α,α^*,e 对比图

我们可以直观地看到用 α^* 代替 α 是一种很好的近似。用 α^* 代替 α 有明显的好处,即 α^* 既有直观的几何意义(Look Ahead Height,H),又有简单的形式,下面证明 α^* 公式可近似为一个二阶常系数齐次微分方程。

在 5.2 节中，当 $|\alpha|$、$|\beta|$ 为小量时，我们有

$$\alpha \approx -\frac{L}{v}\dot{\beta}$$

$$\beta \approx \frac{1}{v}\dot{d}$$

对 $\beta \approx \frac{1}{v}\dot{d}$ 微分，得到 $\dot{\beta} \approx \frac{1}{v}\ddot{d}$，代入 $\alpha \approx -\frac{L}{v}\dot{\beta}$ 中得到

$$\alpha \approx -\frac{L}{v^2}\ddot{d}$$

于是

$$\alpha \approx -\frac{L}{v^2}\ddot{d}$$

$$\beta \approx \frac{1}{v}\dot{d}$$

考虑一类一般化的控制器

$$\alpha = k_1(v, L, W_f, \cdots)d + k_2(v, L, W_f, \cdots)\beta$$

其中，$k_1(v, L, W_f, \cdots)$，$k_2(v, L, W_f, \cdots)$ 是 v，L，W_f，$\cdots$ 的函数，与 d，β，α 无关，上式简记为

$$\alpha = k_1 d + k_2 \beta$$

当 $|\alpha|$、$|\beta|$、$|d|$ 均为小量时，将 $\alpha \approx -\frac{L}{v^2}\ddot{d}$，$\beta \approx \frac{1}{v}\dot{d}$ 代入上式得到

$$\ddot{d} + \frac{k_2 v}{L}\dot{d} + \frac{k_1 v^2}{L}d = 0$$

这是函数 $d(t)$ 的二阶常系数齐次线性微分方程，特征方程为

$$\lambda^2 + \frac{k_2 v}{L}\lambda + \frac{k_1 v^2}{L} = 0$$

判别式

$$\Delta = \left(\frac{k_2 v}{L}\right)^2 - 4\frac{k_1 v^2}{L} = \frac{v^2}{L^2}(k_2^2 - 4k_1 L)$$

我们只考虑 $\Delta < 0$ 的稳定情形，此时，特征方程有一对共轭复根

$$\lambda_{1,2} = -\frac{k_2 v}{2L} \pm \frac{v}{2L}\sqrt{4k_1 L - k_2^2}\,\mathrm{i}$$

原微分方程的通解为

$$d(t) = \mathrm{e}^{-\frac{k_2 v}{2L}\cdot t}\left[C_1 \cos\left(\frac{v}{2L}\sqrt{4k_1 L - k_2^2}\cdot t\right) + C_2 \sin\left(\frac{v}{2L}\sqrt{4k_1 L - k_2^2}\cdot t\right)\right]$$

代入初始条件 $d(0) = d_0$，得到

$$C_1 = d_0$$

对 $d(t)$ 求微分并代入初始条件 $\dot{d}_0 = v\sin\beta_0$（注意：此处采用精确公式 $\sin\beta = \dfrac{\dot{d}}{v}$），得到

$$C_2 = \frac{2L\sin\beta_0 + k_2 d_0}{\sqrt{4k_1 L - k_2^2}}$$

这样，我们就求解出了 $\alpha = k_1 d + k_2 \beta$，这是一类一般化的 PD 控制器。特别地，$\alpha^*$ 也属于这一类 PD 控制器，α^* 公式中的系数

$$k_1 = \frac{2L}{H^2}, \quad k_2 = \frac{2L}{H}$$

对应的二阶方程为

$$\ddot{d} + \frac{2}{\tau}\dot{d} + \frac{2}{\tau^2}d = 0$$

其中，特征时间 $\tau = \dfrac{H}{v}$，判别式 $\Delta = -\dfrac{4}{\tau^2} < 0$。带有初始条件的解

$$d(t) = e^{-\frac{t}{\tau}}\left[d_0\cos\frac{t}{\tau} + (d_0 + \tau v\sin\beta_0)\sin\frac{t}{\tau}\right]$$

进而

$$\dot{d}(t) = \frac{1}{\tau}e^{-\frac{t}{\tau}}\left[\tau v\sin\beta_0\cos\frac{t}{\tau} - (2d_0 + \tau v\sin\beta_0)\sin\frac{t}{\tau}\right]$$

$$\ddot{d}(t) = \frac{2}{\tau^2}e^{-\frac{t}{\tau}}\left[d_0\sin\frac{t}{\tau} - (d_0 + \tau v\sin\beta_0)\cos\frac{t}{\tau}\right]$$

这些是精确解。

根据第二节里的精确公式 $\sin\beta = \dfrac{\dot{d}}{v}$，并且 $\beta \in \left(-\dfrac{\pi}{2}, \dfrac{\pi}{2}\right)$，可以得到精确的航向角

$$\beta = \arcsin\frac{\dot{d}(t)}{v}$$

微分得到

$$\dot{\beta} = \frac{\ddot{d}(t)}{\sqrt{v^2 - [\dot{d}(t)]^2}}$$

根据第二节里的精确公式

$$\tan\alpha = -\frac{L}{v}\cdot\dot{\beta}$$

可以得到精确的转向角

$$\alpha = -\arctan\frac{L}{v} \cdot \frac{\ddot{d}(t)}{\sqrt{v^2 - [\dot{d}(t)]^2}}$$

在 x 轴方向行进的精确距离

$$x(t) = x_0 + v\int_0^t \cos\beta(t)\mathrm{d}t$$

二阶方程 $\ddot{d} + \frac{2}{\tau}\dot{d} + \frac{2}{\tau^2}d = 0$ 具有近似于 LAA 的几何意义,又可精确求解。事实上,在 $|\alpha|$、$|\beta|$、$|d|$ 均为小量时,LAA: $\alpha = \arctan\frac{2L \cdot (d\cdot\cos\beta + H\cdot\sin\beta)}{H^2 + d^2}$ 等价于二阶方程 $\ddot{d} + \frac{2}{\tau}\dot{d} + \frac{2}{\tau^2}d = 0$。我们由精确公式

$$\sin\beta = \frac{\dot{d}}{v}$$

可得

$$\dot{\beta} = \frac{\ddot{d}}{\sqrt{v^2 - \dot{d}^2}}$$

$$\cos\beta = \sqrt{1 - \left(\frac{\dot{d}}{v}\right)^2}$$

再加上

$$\tan\alpha = -\frac{L}{v}\cdot\dot{\beta}$$

我们将这 4 个精确公式代入

$$\alpha = \arctan\frac{2L\cdot(d\cdot\cos\beta + H\cdot\sin\beta)}{H^2 + d^2}$$

得到只含有 $\ddot{d}$, $\dot{d}$, d 的微分方程

$$\ddot{d}(H^2 + d^2) + 2d(v^2 - \dot{d}^2) = -2H\dot{d}\sqrt{v^2 - \dot{d}^2}$$

两边同时平方

$$\ddot{d}^2(H^2 + d^2)^2 + 4d^2(v^2 - \dot{d}^2)^2 + 4d\ddot{d}(H^2 + d^2)(v^2 - \dot{d}^2) = 4H^2\dot{d}^2(v^2 - \dot{d}^2)$$

展开并分出主要部分与高阶部分

$$(H^2\ddot{d} + 2v^2 d)^2 + \begin{pmatrix}\ddot{d}^2 d^4 + 2H^2\ddot{d}^2 d^2 + 4\dot{d}^4 d^2 - 8v^2\dot{d}^2 d^2 - \\ 4H^2\ddot{d}\dot{d}^2 d + 4v^2\ddot{d}d^3 - 4\ddot{d}\dot{d}^2 d^3 + 4H^2\dot{d}^4\end{pmatrix} = 4H^2 v^2\dot{d}^2$$

$\ddot{d}$, $\dot{d}$, d 均为小量,上式中主要部分阶为 2,高阶部分阶为 4 和 6,舍弃 4 阶、6 阶高阶无穷小,得到

$$H^2\ddot{d} + 2v^2 d = -2Hv\dot{d}$$

代入 $\tau = \dfrac{H}{v}$ 得到

$$\ddot{d} + \dfrac{2}{\tau}\dot{d} + \dfrac{2}{\tau^2}d = 0$$

α，α^*，$\ddot{d} + \dfrac{2}{\tau}\dot{d} + \dfrac{2}{\tau^2}d = 0$ 之间的关系如图 5-28 所示。

LAA，很难精确求解	$\alpha = \arctan\dfrac{2L\cdot(d\cdot\cos\beta + H\cdot\sin\beta)}{H^2 + d^2}$
⇕	⇕
LAA的近似，很难精确求解	$\alpha^* = \dfrac{2L}{H^2}d + \dfrac{2L}{H}\beta$
⇕	⇕
LAA的近似，可精确求解	$\ddot{d} + \dfrac{2}{\tau}\dot{d} + \dfrac{2}{\tau^2}d = 0$

图 5-28　α，α^*，$\ddot{d} + \dfrac{2}{\tau}\dot{d} + \dfrac{2}{\tau^2}d = 0$ 之间的关系

5.6.2　避障规划应用

在低速情况下，我们可以采用 $\ddot{d} + \dfrac{2}{\tau}\dot{d} + \dfrac{2}{\tau^2}d = 0$ 进行避障规划。在一个避障规划实例中，设定：

（1）当前前方障碍物用 B_D 表示，B_D 含有 m 个障碍物；

（2）定义碰撞时间 t_c，$t_c=5\text{s}$；

（3）车速 $v=3\text{m/s}$；

（4）碰撞距离 $D=t_c v=15\text{m}$；

（5）前视时间 $\tau=2\text{s}$；

（6）前视距离 H，$H=\tau v=6\text{m}$，$H \ll D$。

避障规划示意图如图 5-29 所示。

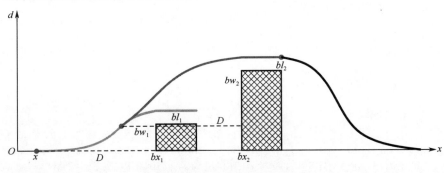

图 5-29　避障规划示意图

以下是 Matlab 代码：

aviodobstacle_move.m

```
clear all,close all,clc
%随机定义 M 个障碍物，第 1 个为无穷远处，d_tar=0
M=100;
BR(1:2,:)=[10^8,0,0;20,2,3];
for jj=3:M
    R=rand(1,3);
    BR(jj,:)=[BR(jj-1,1)+BR(jj-1,3)+R(1)*10,1+R(2)*10,1+R(3)*3];
end
for jj=1:M
    bx(jj)=BR(jj,1);
    bw(jj)=BR(jj,2);
    bl(jj)=BR(jj,3);
end

%初始位置
x0=0;
d0=0;
beta0=0;

DT=0.05;%计算周期
V=3;%车速
tc=5;%碰撞时间
D=tc*V;%碰撞距离
tao=2;%前视时间
H=tao*V;%前视距离
tf=20;%规划时长
ws=1;%与障碍物安全间距
L=2.3;%轴距

%指标
ss=1;%d_tar_now 变化标志
nj=0;%d_tar_now 变化时的时间周期数

aviobj=avifile('avoidobstacle_move.avi','fps',24);box on;
for j=1:200000
    hold on,axis equal,grid on
    set(gcf,'Position',[200,0,700,650])
    
    %画障碍物
    fill([BR(2,1) BR(2,1)+BR(2,3) BR(2,1)+BR(2,3) BR(2,1)],[0 0 BR(2,2) BR(2,2)],'g','facealpha',0.5);
    fill([BR(3,1) BR(3,1)+BR(3,3) BR(3,1)+BR(3,3) BR(3,1)],[0 0 BR(3,2) BR(3,2)],'r','facealpha',0.5);
    fill([BR(4,1) BR(4,1)+BR(4,3) BR(4,1)+BR(4,3) BR(4,1)],[0 0 BR(4,2) BR(4,2)],'b','facealpha',0.5);
    if M>4
```

```
            for qq=5:M
                fill([BR(qq,1) BR(qq,1)+BR(qq,3) BR(qq,1)+BR(qq,3) BR(qq,1)],[0 0 BR(qq,2)
BR(qq,2)],rand(1,3),'facealpha',0.9);
            end
        end

    %第一次规划
    if j==1
        d_tar_now=0;
        [x d beta alpha]=preciselookahead(d_tar_now,x0,d0,beta0,V,DT,L,tf,H);
    end
    %第一次轨迹、航向、转向记录，nj=0
    x_real(j)=x(j-nj);
    d_real(j)=d(j-nj);
    beta_real(j)=beta(j-nj);
    alpha_real(j)=alpha(j-nj);

    %当前前方障碍物 BD
    clear BD
    BD(1,:)=[10^8,0,0];
    kk=1;
    for jj=2:M
        if (bx(jj)-(x_real(j)+D))*(bx(jj)+bl(jj)-(x_real(j)))<=0%第 jj 个障碍物在车辆 D 范围内
            BD(kk+1,:)=BR(jj,:);
            kk=kk+1;
        end
    end
    m=numel(BD)/3;

    %d_tar
    d_tar(1)=0;
    if m>1
        for pp=2:m
            if (BD(pp,1)-(x_real(j)+D))*(BD(pp,1)+BD(pp,3)-(x_real(j)))<=0%第 pp 个障碍物
在车辆 D 范围内
                d_tar(pp)=BD(pp,2)+ws;
            end
        end
    end
    ddd=d_tar_now;
    d_tar_now=max(d_tar(1:m));
    uu=ss;
    D_tar(1)=0;
    if (d_tar_now-ddd)~=0
        ss=ss+1;
        D_tar(ss)=d_tar_now;
    end
```

```
            %ss 变化时进行规划
            if (uu-ss)~=0
                d_tar_now;x0=x_real(j);d0=d_real(j)-d_tar_now;beta0=beta_real(j);
                nj=j-1;
                [x d beta alpha]=preciselookahead(d_tar_now,x0,d0,beta0,V,DT,L,tf,H);
            end
            x_real(j)=x(j-nj);
            d_real(j)=d(j-nj);
            beta_real(j)=beta(j-nj);
            alpha_real(j)=alpha(j-nj);

            plot(x,d,'b-','linewidth',1)%画规划轨迹
            plot(x_real(j),d_real(j),'ro','markersize',8,'markerfacecolor','r')%画当前位置
            plot(x_real,d_real,'r-','linewidth',2)%画历史轨迹

            axis([x_real(j)-10 x_real(j)+30 -10 15])%坐标轴范围
            plot([-10,x_real(j)+50],[0 0],'k-')%画 x 轴
            fill([x_real(j)+D x_real(j)+50 x_real(j)+50 x_real(j)+D],[0 0 15,15],'k','facealpha',0.5);%画未探测区域

            F=getframe(gcf);
            aviobj=addframe(aviobj,F);
            clf;
            j=j+1;
    end
    aviobj=close(aviobj);
```

preciselookahead.m：

```
function [x d beta alpha]=preciselookahead(d_tar,x0,d0,beta0,V,DT,L,tf,H)
tao=H/V;
t=0:DT:tf;
et=exp(-1/tao*t);
ct1=(d0*cos(1/tao*t)+(sin(beta0)*tao*V+d0)*sin(1/tao*t));
d=et.*ct1+d_tar;
ct2=(sin(beta0)*tao*V*cos(1/tao*t)-(sin(beta0)*tao*V+2*d0)*sin(1/tao*t))/tao;
d1=et.*ct2;
beta=asin(d1/V);
dx=V*cos(beta)*DT;
x(1)=x0;
for i=2:numel(dx)
    x(i)=x(i-1)+dx(i-1);
end
ct3=(d0*sin(1/tao*t)-(d0+sin(beta0)*tao*V*cos(1/tao*t)))*2/tao^2;
d2=et.*ct3;
for j=1:numel(d1)
    alpha(j)=-atan(L/V*d2(j)/sqrt(V^2-(d1(j))^2));
```

```
end
end
```

运行程序，避障轨迹图如图 5-30 所示。$\alpha(t)$，$\beta(t)$ 曲线图如图 5-31 所示。

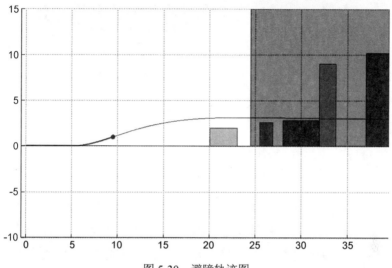

图 5-30　避障轨迹图

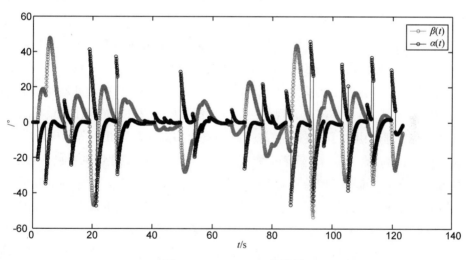

图 5-31　$\alpha(t)$，$\beta(t)$ 曲线图

第6章 路径规划算法

6.1 最小时间系统的控制

本章研究采用最小时间系统控制的车辆路径规划算法，对应具体问题是双积分系统。最小时间系统控制隶属于最优控制理论，最优控制理论隶属于现代控制理论。

一般来讲，控制理论包含经典控制理论、现代控制理论、大系统理论和智能控制理论、网络化控制系统理论 4 部分。现代控制理论是由 20 世纪 60 年代人类探索空间的需求而产生的，也是电子计算机飞速发展和普及的产物。与经典控制理论相同，现代控制理论的分析、综合和设计都建立在严格和精确的数学模型之上。一般来讲，复杂的、不确定的场景比确定的、精确的场景更具有广泛性，但并不意味着新理论就可以取代旧理论，事实上众多控制理论都有自己适用的场景。特别地，车辆模型适合精确建模，所以经典控制理论、现代控制理论能很好地适用于车辆控制。

现代控制理论引入了状态与状态空间的概念和方法，因此矩阵和向量空间是它的主要数学工具，此外还涉及泛函分析、变分法等。现代控制理论主要包括五个分支：线性系统理论、系统辨识理论、最优滤波理论、最优控制理论、自适应控制理论。与本节相关的最优控制理论是一门工程背景很强的学科，其研究的问题都是从大量实际应用中提炼出来的，尤其与航空、航天、航海的制导和导航及控制技术密不可分。最优控制理论研究在给定限制条件和性能指标下，寻找使系统性能在一定意义下最优的控制规律。最小时间系统的控制是最优控制理论中的一类典型问题，比如，航天器的姿态受到某种扰动而偏离了给定的平衡状态，当偏离幅度不超过控制所允许的范围时，在最短的时间内，控制航天器的姿态能恢复到给定的平衡状态，这就是最小时间控制的概念。

最优控制的理论涉及变分法、哈密尔顿函数、庞特里亚金极大值原理等相关内容，为了不给读者造成较大的数学知识理解负担，本节只简单介绍如何求解一类具体的最小时间控制问题——双积分系统,而不拘泥于理论上的叙述与推导,有兴趣探究的读者可以参考相关书籍,如姜万录等编著的《现代控制理论基础》。

双积分系统问题描述:考虑二阶线性定常系统,控制 $u(t)$ 是标量,$-1 \leq u(t) \leq 1$,微分关系为

$$\begin{cases} \dot{x}_1 = x_2 \\ \dot{x}_2 = u \end{cases}$$

若 $\boldsymbol{x} = \begin{bmatrix} x_1 \\ x_2 \end{bmatrix}$,则 $\dot{\boldsymbol{x}} = \begin{bmatrix} \dot{x}_1 \\ \dot{x}_2 \end{bmatrix}$,则状态方程

$$\dot{\boldsymbol{x}}(t) = \begin{bmatrix} 0 & 1 \\ 0 & 0 \end{bmatrix} \boldsymbol{x}(t) + \begin{bmatrix} 0 \\ 1 \end{bmatrix} u(t) = \boldsymbol{A}\boldsymbol{x}(t) + \boldsymbol{b}u(t), \quad \boldsymbol{x}(t_0) = \boldsymbol{x}_0$$

求使得系统从初始状态 $\boldsymbol{x}_0$ 以最短时间转移到终止状态 $\boldsymbol{x}(t_f) = 0$ 的最优控制。

求解:

运用庞特里亚金极大值原理可以求解该问题,采用最小时间,则性能指标为

$$J = \int_{t_0}^{t_f} \mathrm{d}t$$

哈密尔顿函数 H 为

$$H[\boldsymbol{x}(t), u(t), \boldsymbol{\lambda}(t), t] = 1 + \boldsymbol{\lambda}^{\mathrm{T}}(t)[\boldsymbol{A}\boldsymbol{x}(t) + \boldsymbol{b}u(t)] = 1 + \lambda_1 x_2 + \lambda_2 u$$

伴随方程为

$$\dot{\boldsymbol{\lambda}}(t) = -\boldsymbol{A}^{\mathrm{T}}\boldsymbol{\lambda} = -\begin{bmatrix} 0 & 0 \\ 1 & 0 \end{bmatrix} \begin{bmatrix} \lambda_1(t) \\ \lambda_2(t) \end{bmatrix} = \begin{bmatrix} 0 \\ -\lambda_1(t) \end{bmatrix}$$

即

$$\begin{cases} \dot{\lambda}_1 = 0 \\ \dot{\lambda}_2 = -\lambda_1 \end{cases}$$

积分解得

$$\begin{cases} \lambda_1(t) = c_1 \\ \lambda_2(t) = -c_1 t + c_2 \end{cases}$$

c_1、c_2 为由初始条件 $\boldsymbol{x}_0$ 决定的常量。由最优控制原理得

$$u^*(t) = -\mathrm{sign}(\boldsymbol{\lambda}^{\mathrm{T}}\boldsymbol{b}) = -\mathrm{sign}\lambda_2(t) = \mathrm{sign}(c_1 t - c_2)$$

上式中根据 $\boldsymbol{\lambda}^{\mathrm{T}}\boldsymbol{b}$ 的符号取 $u(t)$ 的边界值 ± 1,这就是所谓的"Bang-Bang"控制。

现在已经知晓 $u(t)$ 的取值只能为 ± 1,就可以根据微分关系 $\begin{cases} \dot{x}_1 = x_2 \\ \dot{x}_2 = u \end{cases}$ 计算相应的参数,对 $\dot{x}_2 = u$ 积分得到

$$x_2 = x_{20} + \int_0^t u \mathrm{d}t = x_{20} + ut$$

解出 $t = \dfrac{x_2 - x_{20}}{u}$，再对 $\dot{x}_1 = x_2$ 积分得到

$$x_1 = x_{10} + \int_0^t (x_{20} + ut)\mathrm{d}t = x_{10} + x_{20}t + \frac{1}{2}ut^2$$

将 $t = \dfrac{x_2 - x_{20}}{u}$ 代入，化简得到

$$x_1 = \frac{1}{2u}x_2^2 - \frac{1}{2u}x_{20}^2 + x_{10}$$

其中，$u = \pm 1$，于是上式也可写为

$$\begin{cases} x_1 = -\dfrac{1}{2}x_2^2 + \dfrac{1}{2}x_{20}^2 + x_{10}, & u = -1 \\ x_1 = \dfrac{1}{2}x_2^2 - \dfrac{1}{2}x_{20}^2 + x_{10}, & u = 1 \end{cases}$$

如图 6-1 所示，在 (x_1, x_2) 平面上，上式代表抛物线族。

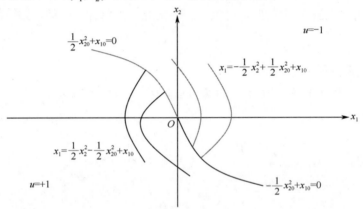

图 6-1 抛物线族

这两族抛物线中过原点的各有一条抛物线，可以解出它们的方程

$$\begin{cases} x_1 = -\dfrac{1}{2}x_2^2, & x_2 > 0 \\ x_1 = \dfrac{1}{2}x_2^2, & x_2 < 0 \end{cases}$$

这两条抛物线被称为双积分系统的最小时间开关曲线。系统从初始状态 $\boldsymbol{x}_0 = [x_{10}, x_{20}]^\mathrm{T}$ 以最短时间转移到终止状态 $\boldsymbol{x}(t_f) = [0, 0]^\mathrm{T}$ 的最优控制是通过 (x_{10}, x_{20}) 运动在其所在的那条抛物线，并与最小时间开关曲线相交（时刻 t_1），最后运动在最小时间开关曲线到达原点 $(0, 0)$ 的过程（时刻 t_2）。显然，可以通过计算抛物线与最小时间开关曲线的交点求出时刻 t_1 与 t_2，时间区间 $[0, t_1]$ 与 $[t_1, t_2]$ 的相应 $u(t)$ 亦可得到，最短时间 $t_f = t_2$。

以上，我们就求出了双积分系统的最小时间系统控制。

6.2 车辆转向控制问题描述

车辆位于直角坐标系$\{X,Y\}$中，车辆参考位置点坐标为(x,y)，目标路径以直线为例，如目标直线可约定为x轴。航向角被定义为ϕ，$\phi \in \left(-\dfrac{\pi}{2}, +\dfrac{\pi}{2}\right)$，如图 6-2 所示，车辆朝目标直线的右侧前进，定义为$\phi < 0$，反之车辆朝目标直线的左侧前进，定义为$\phi > 0$，车辆平行于目标直线前进，定义为$\phi = 0$。车辆行进曲率θ，前轮转向角α_l、α_r，不严格的情况下可理解为$\theta \approx k\alpha_l$，$\alpha_l \approx \alpha_r$，$k > 0$（按照 Ackermann 模型），车轮位于左转位置时，θ、α_l、α_r均大于 0，车轮位于右转位置时，θ、α_l、α_r均小于 0，车轮位于中置位置时，θ、α_l、α_r均等于 0。车辆转向模型示意图如图 6-2 所示。

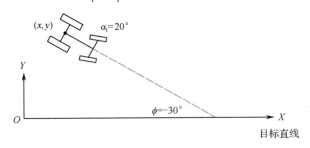

图 6-2 车辆转向模型示意图

前轮转向角α_l、α_r分别有最大值、最小值，这 4 个值的绝对值中最小的为α_{max}（最大允许转角），我们只考虑区间$[-\alpha_{max}, \alpha_{max}]$中的$\alpha_l$、$\alpha_r$。同理，根据$\theta \approx k\alpha_l$，定义一个最大允许曲率$\theta_{max}$，我们只讨论$[-\theta_{max}, \theta_{max}]$区间里的情况，如果出现$\theta \notin [-\theta_{max}, \theta_{max}]$，如$\theta > \theta_{max}$，则可通过转向快速进入到$[-\theta_{max}, \theta_{max}]$中。

定义曲率变化率为$u = \dot{\theta}$，由于θ表征了转向轮转向角度大小及方向，因此，u表征的是转向轮转向的快慢及左转、右转或不转的状态。由于受物理限制，转向不可能无限快，因此存在最大的曲率变化率，同时考虑到车辆行驶时，转向安全性和人员舒适性要求，提出最大的允许曲率变化率μ的概念，可直观地将μ理解为转动方向盘的最大允许转速。于是，$-\mu \leq u \leq \mu$，作简单的归一化处理：$\bar{u} = \dfrac{u}{\mu}$，则有$-1 \leq \bar{u} \leq 1$。

综上所述，我们有如下模型参数如表 6-1 所示。

表 6-1 模型参数表

序 号	符 号	定 义	备 注
1	(x,y)	车辆参考位置点坐标	
2	ϕ	车身与目标直线的夹角	$\phi \in \left(-\frac{\pi}{2}, +\frac{\pi}{2}\right)$,车身朝目标直线右侧为负
3	θ	曲率	$\theta \in [-\theta_{max}, \theta_{max}]$,左转位置为正
4	θ_{max}	最大允许曲率	跟车速相关
5	u	曲率变化率	
6	μ	最大允许曲率变化率	跟车速相关
7	$\bar{u}$	归一化曲率变化率	$-1 \leq \bar{u} \leq 1$
8	Target Line	目标直线	可约定为 x 轴
9	v	车速	

在 5.2 节中,我们推导了曲率-航向角关系,航向角-位移关系,如下

$$\theta = \frac{1}{v}\dot{\beta}$$

$$\sin\beta = \frac{\dot{d}}{v}$$

$$\cos\beta = \frac{\dot{x}}{v}$$

换成这里的符号,再加上 $u = \dot{\theta}$,我们得到 x, y, ϕ, θ, u 之间的微分关系

$$\begin{cases} \dot{x} = v\cos\phi \\ \dot{y} = v\sin\phi \\ \dot{\phi} = v\theta \\ \dot{\theta} = u \end{cases}$$

积分形式

$$\begin{cases} x(t) = x_0 + \int_0^t v \cdot \cos\phi(t)\mathrm{d}t \\ y(t) = y_0 + \int_0^t v \cdot \sin\phi(t)\mathrm{d}t \\ \phi(t) = \phi_0 + \int_0^t v \cdot \theta(t)\mathrm{d}t \\ \theta(t) = \theta_0 + \int_0^t \mu \cdot \bar{u}(t)\mathrm{d}t \end{cases}$$

问题描述:在如上的车辆模型及符号约定下,车辆在 $t=0$ 时刻,有初始状态 $\{x, y, \phi, \theta, v\}_{t=0} = \{x_0, y_0, \phi_0, \theta_0, v\}$,怎样通过规划车辆转向,即计算曲率变化率 $u(t)$ 函数,使得车辆在最短的时间 t_f 内达到 $\{x, y, \phi, \theta, v\}_{t=t_f} = \{x_f, 0, 0, 0, v\}$,即

$$u(t)\text{-complete} 问题:\{x_0, y_0, \phi_0, \theta_0, v\} \xrightarrow{求解 u(t)} \{x_f, 0, 0, 0, v\}$$

在本书中，我们称该问题为 $u(t)$-complete 问题，$u(t)$-complete 问题的一个简化版是不要求 $y_f = 0$，即

$$u(t)\text{-simple}问题：\{x_0, y_0, \phi_0, \theta_0, v\} \xrightarrow{\text{求解}u(t)} \{x_f, y_f, 0, 0, v\}$$

在本书中，我们称这个简化问题为 $u(t)$-simple 问题。对于 $u(t)$-simple 问题

$$\begin{cases} \dot{\phi} = v\theta \\ \dot{\theta} = u \end{cases}$$

在 v、μ 为常数时，简单变形得到

$$\begin{cases} \left(\dfrac{\phi}{\mu v}\right)' = \dfrac{\theta}{\mu} \\ \left(\dfrac{\theta}{\mu}\right)' = \bar{u} \end{cases}$$

我们记

$$\begin{cases} x_1 = \dfrac{\phi}{\mu v} \\ x_2 = \dfrac{\theta}{\mu} \end{cases}$$

显然 $u(t)$-simple 问题就化为上一节中介绍的双积分系统，$u(t)$-simple 问题可以直接进行求解。

6.3　$u(t)$-simple 问题求解

本节求解 $u(t)$-simple 问题

$$u(t)\text{-simple}问题：\{x_0, y_0, \phi_0, \theta_0, v\} \xrightarrow{\text{求解}u(t)} \{x_f, y_f, 0, 0, v\}$$

我们完全采用最小时间系统控制中双积分系统问题的求解理论。

按照上节的转化，求解 $u(t)$-simple 问题可以按照 6.1 节中的标准方法直接求解。首先，$u(t)$ 的解空间存在 $-\mu \leqslant u(t) \leqslant \mu$ 的各种可能性，但是要实现最短的时间 t_f，$u(t)$ 只有 3 个值可选：$-\mu, 0, \mu$，即 $\bar{u}(t)$ 只有 3 个值可选：$-1, 0, +1$。求解 $u(t)$ 等价于求解 $\bar{u}(t)$。

目标直线约定为 x 轴，则有 $\phi(t_f) = 0$，令 $\Delta\phi(t) = \phi(t) - \phi(t_f)$，则有 $\Delta\phi(t) = \phi(t)$，简单记为 $\Delta\phi = \phi$。我们计算最小时间开关曲线

$$\begin{cases} x_1 = \dfrac{1}{2}x_2^2, & x_2 < 0 \\ x_1 = -\dfrac{1}{2}x_2^2, & x_2 > 0 \end{cases}$$

其中

$$\begin{cases} x_1 = \dfrac{\Delta\phi}{\mu v} \\ x_2 = \dfrac{\theta}{\mu} \end{cases}$$

于是得到以 $\Delta\phi$、θ 为变量的最小时间开关曲线

$$\begin{cases} \theta = f_2(\Delta\phi) = -\sqrt{\dfrac{2\mu\Delta\phi}{v}}, & \theta < 0 \\ \theta = f_1(\Delta\phi) = \sqrt{-\dfrac{2\mu\Delta\phi}{v}}, & \theta > 0 \end{cases}$$

车辆曲率限值 $\theta = \pm\theta_{\max}$，最小时间开关曲线 $\theta = \sqrt{-\dfrac{2\mu\Delta\phi}{v}}$ ($\theta > 0$) 与 $\theta = \theta_{\max}$ 相交于点 $D\left(-\dfrac{v \cdot \theta_{\max}^2}{2\mu}, \theta_{\max}\right)$，最小时间开关曲线 $\theta = -\sqrt{\dfrac{2\mu\Delta\phi}{v}}$ ($\theta < 0$) 与 $\theta = -\theta_{\max}$ 相交于点 $C\left(\dfrac{v \cdot \theta_{\max}^2}{2\mu}, \theta_{\max}\right)$，简单记 $\phi_c = \dfrac{v \cdot \theta_{\max}^2}{2\mu}$，则 $D(-\phi_c, \theta_{\max})$，$C(\phi_c, \theta_{\max})$ 是最小时间开关曲线的终点。

车辆在 $t = 0 \sim t_f$ 的过程中，会处于不同的 $\Delta\phi(t)$、$\theta(t)$ 状态，下面将对 $\Delta\phi(t)$、$\theta(t)$ 的 9 种组合情况一一分析，得到这 9 种情况下 $\bar{u}(t)$ 的取值。

1. 方向盘不动：$\bar{u}(\Delta\phi, \theta) = 0$，如图 6-3 所示，包含 3 种情况：

$\Delta\phi = 0$，$\theta = 0$，为方便后续分析，此处记为⑦；[1]

$\Delta\phi > \phi_c$，$\theta = -\theta_{\max}$，记为⑧；

$\Delta\phi < -\phi_c$，$\theta = \theta_{\max}$，记为⑨。

图 6-3 方向盘不动的 3 种情况

---

1 为便于后续分析，此处不按照从①开始的顺序标记。

2. 方向盘右转：$\bar{u}(\Delta\phi,\theta) = -1$，如图 6-4 所示，包含 3 种情况：

$\Delta\phi \geq \phi_c$，$\theta \neq -\theta_{\max}$，记为⑤；

$0 \leq \Delta\phi \leq \phi_c$，$\theta > f_2(\Delta\phi)$，记为①；

$-\phi_c \leq \Delta\phi < 0$，$\theta > f_1(\Delta\phi)$，记为②。

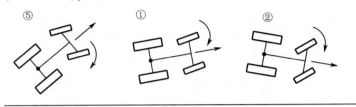

图 6-4　方向盘右转的 3 种情况

3. 方向盘左转：$\bar{u}(\Delta\phi,\theta) = +1$，如图 6-5 所示，包含 3 种情况：

$\Delta\phi \leq -\phi_c$，$\theta \neq \theta_{\max}$，记为⑥；

$-\phi_c \leq \Delta\phi \leq 0$，$\theta < f_1(\Delta\phi)$，记为③；

$0 < \Delta\phi \leq \phi_c$，$\theta < f_2(\Delta\phi)$，记为④。

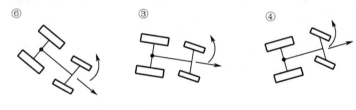

图 6-5　方向盘左转的 3 种情况

根据图形来判断 $\bar{u}(\Delta\phi,\theta)$，我们将 9 种情况的分区在 $\{\Delta\phi,\theta\}$ 平面上绘制出来，$\{\Delta\phi,\theta\}$ 平面划分图如图 6-6 所示。

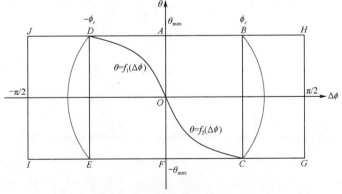

图 6-6　$\{\Delta\phi,\theta\}$ 平面划分图

①区：$OABC$　②区：OAD　③区：$ODEF$　④区：OFC
⑤区：$BCGH$　⑥区：$DEIJ$　⑦区：原点 O　⑧区：线段 CG　⑨区：线段 JD

我们用颜色表示 $\bar{u}(\Delta\phi,\theta)$，得到 $\{\Delta\phi,\theta,\bar{u}(\Delta\phi,\theta)\}$ 平面划分图如图 6-7 所示。

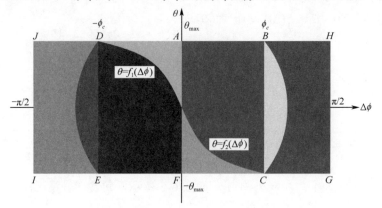

图 6-7　$\{\Delta\phi,\theta,\bar{u}(\Delta\phi,\theta)\}$ 平面划分图

可以看到 $\theta=f_1(\Delta\phi)$，$\theta=f_2(\Delta\phi)$ 的形状是过原点 O，以 $\Delta\phi$ 轴为对称轴的抛物线的一半。抛物线右侧区域对应 $\bar{u}(\Delta\phi,\theta)=-1$，即右转，抛物线左侧区域对应 $\bar{u}(\Delta\phi,\theta)=+1$，即左转。

下面，我们求解 $u(t)$-simple 问题。根据 $\{\phi_0,\theta_0\}$ 位于 9 个分区来进行 $\bar{u}(t)$ 的计算（因为 $\Delta\phi=\phi$，因此下面不作区分）。

（1）情况①、②。

如图 6-8 所示，$\{\phi_0,\theta_0\}$ 位于①、②区，右转区，因此在 $t=0$ 时刻，就有 $\bar{u}(0)=-1$。存在一个时间段 $[0,t_1]$，在此时间区间，$\bar{u}(t)=-1$。我们求解 $\bar{u}(t)$，实际上主要是求解 t_1 的值。

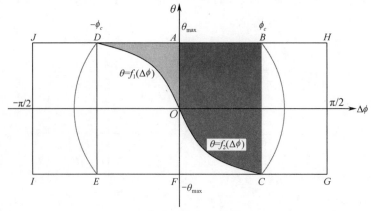

图 6-8　情况①、②

根据运动方程

$$\theta(t) = \theta_0 + \int_0^t \mu \cdot \overline{u}(t) \mathrm{d}t$$

设在 $[0, t_1]$ 内，$\overline{u}(t) = -1$，则有

$$\theta(t) = \theta_0 + \int_0^t \mu \cdot (-1) \mathrm{d}t = \theta_0 - \mu t$$

根据运动方程

$$\phi(t) = \phi_0 + \int_0^t v \cdot \theta(t) \mathrm{d}t$$

$$\Delta\phi(t) = \Delta\phi_0 + v \cdot \int_0^t \theta(t) \mathrm{d}t = \Delta\phi_0 + v \cdot \int_0^t (\theta_0 - \mu t) \mathrm{d}t$$

$$= \Delta\phi_0 + v \cdot \left(\theta_0 t - \frac{1}{2}\mu t^2\right)$$

我们得到了 $[0, t_1]$ 内，$\theta(t)$、$\Delta\phi(t)$ 关于时间 t 的表达式，但由于我们在 $\{\Delta\phi, \theta\}$ 平面讨论问题，因此希望能得到 $\Delta\phi(\theta)$ 的表达式，以便在 $\{\Delta\phi, \theta\}$ 平面进行观察。

由 $\theta(t) = \theta_0 - \mu t$ 得到 $t = \dfrac{\theta_0 - \theta}{\mu}$，代入 $\Delta\phi(t)$ 中得到

$$\Delta\phi(\theta) = \Delta\phi_0 + \frac{v}{2\mu} \cdot (\theta_0^2 - \theta^2)$$

如图 6-9 所示，显然 $\Delta\phi(\theta)$ 是一条抛物线，以 $\Delta\phi$ 轴为对称轴，当 $\theta = 0$ 时有最大值，$\Delta\phi(\theta)$ 必定与 $\theta = f_2(\Delta\phi)$ 相交于第四象限，交点为 $(\Delta\phi(t_1), \theta(t_1))$。

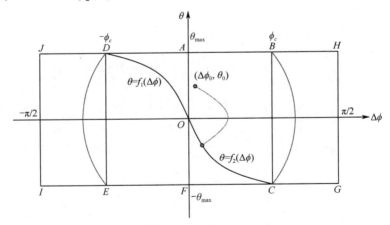

图 6-9 情况①、②的抛物线

联立 $\theta(t_1) = f_2(\Delta\phi(t_1)) < 0$ 求解

$$\theta_0 - \mu t_1 = -\sqrt{\frac{2\mu}{v}\Delta\phi(t_1)}$$

代入 $\Delta\phi(t_1) = \Delta\phi_0 + v \cdot \left(\theta_0 t_1 - \dfrac{1}{2}\mu t_1^2\right)$ 得到

$$\theta_0 - \mu t_1 = -\sqrt{\frac{2\mu}{v}\left[\Delta\phi_0 + v\cdot\left(\theta_0 t_1 - \frac{1}{2}\mu t_1^2\right)\right]}$$

这是关于 t_1 的一元二次方程，求解得到

$$t_1 = \frac{\theta_0}{\mu} \pm \sqrt{\frac{\Delta\phi_0}{\mu v} + \frac{\theta_0^2}{2\mu^2}}$$

由于 $\theta(t_1) < 0$，$\theta_0 - \mu t_1 < 0$，去掉一个根，得到

$$t_1 = \frac{\theta_0}{\mu} + \sqrt{\frac{\Delta\phi_0}{\mu v} + \frac{\theta_0^2}{2\mu^2}}$$

接下来，讨论 $t > t_1$ 的情况，$\bar{u}(t) = 1$，在时间点 t_2 时，$\theta(t_2) = 0$，$\Delta\phi(t_2) = 0$（此条件直接给出，下面会进行说明），计算曲率

$$\theta(t) = \theta(t_1) + \int_{t_1}^{t} \mu \cdot \bar{u}(t)\mathrm{d}t = \theta_0 - 2\mu t_1 + \mu t$$

代入边界条件 $\theta(t_2) = 0$ 得到

$$\theta_0 - 2\mu t_1 + \mu t_2 = 0$$

$$t_2 = 2t_1 - \frac{\theta_0}{\mu} = \frac{\theta_0}{\mu} + 2\sqrt{\frac{\Delta\phi_0}{\mu v} + \frac{\theta_0^2}{2\mu^2}}$$

计算航向

$$\begin{aligned}\Delta\phi(t) &= \Delta\phi(t_1) + v\cdot\int_{t_1}^{t}\theta(t)\mathrm{d}t \\ &= \Delta\phi(t_1) + v\cdot\int_{t_1}^{t}(\theta_0 - 2\mu t_1 + \mu t)\mathrm{d}t \\ &= \Delta\phi_0 + v\cdot\left(\theta_0 t_1 - \frac{1}{2}\mu t_1^2\right) + v\cdot\left[(\theta_0 - 2\mu t_1)\cdot t + \frac{1}{2}\mu t^2\right]_{t_1}^{t} \\ &= \Delta\phi_0 + \mu v t_1^2 + v\cdot\left[(\theta_0 - 2\mu t_1)\cdot t + \frac{1}{2}\mu t^2\right]\end{aligned}$$

将 $\theta(t) = \theta_0 - 2\mu t_1 + \mu t$ 和 $t_1 = \frac{\theta_0}{\mu} + \sqrt{\frac{\Delta\phi_0}{\mu v} + \frac{\theta_0^2}{2\mu^2}}$ 代入上式，可以得到

$$\begin{aligned}\Delta\phi(t) &= \Delta\phi_0 + \mu v t_1^2 + v\cdot\frac{1}{\mu}\left[(\theta_0 - 2\mu t_1)\cdot(\theta - \theta_0 + 2\mu t_1) + \frac{1}{2}(\theta - \theta_0 + 2\mu t_1)^2\right] \\ &= \Delta\phi_0 + \mu v t_1^2 + v\cdot\frac{1}{\mu}\begin{bmatrix}\theta_0\theta - \theta_0^2 + 2\mu t_1\theta_0 - 2\mu t_1\theta + 2\mu t_1\theta_0 - 4\mu^2 t_1^2 + \\ \frac{1}{2}\theta^2 + \frac{1}{2}\theta_0^2 + 2\mu^2 t_1^2 - \theta\theta_0 + 2\mu t_1\theta - 2\mu t_1\theta_0\end{bmatrix} \\ &= \Delta\phi_0 + \mu v t_1^2 + v\cdot\frac{1}{\mu}\left(\frac{1}{2}\theta^2 - \frac{1}{2}\theta_0^2 + 2\mu t_1\theta_0 - 2\mu^2 t_1^2\right) \\ &= \Delta\phi_0 + \frac{1}{2}\frac{v}{\mu}\theta^2 - \frac{1}{2}\frac{v}{\mu}\theta_0^2 + 2v t_1\theta_0 - \mu v t_1^2\end{aligned}$$

$$= \Delta\phi_0 + \frac{1}{2}\frac{v}{\mu}\theta^2 - \frac{1}{2}\frac{v}{\mu}\theta_0^2 + 2v\theta_0\left(\frac{\theta_0}{\mu} + \sqrt{\frac{\Delta\phi_0}{\mu v} + \frac{\theta_0^2}{2\mu^2}}\right) - \mu v\left(\frac{\theta_0}{\mu} + \sqrt{\frac{\Delta\phi_0}{\mu v} + \frac{\theta_0^2}{2\mu^2}}\right)^2$$

$$= \Delta\phi_0 + \frac{1}{2}\frac{v}{\mu}\theta^2 - \frac{1}{2}\frac{v}{\mu}\theta_0^2 + 2v\theta_0\frac{\theta_0}{\mu} + 2v\theta_0\sqrt{\frac{\Delta\phi_0}{\mu v} + \frac{\theta_0^2}{2\mu^2}} - \mu v\frac{\theta_0^2}{2\mu^2} - \mu v\frac{\Delta\phi_0}{\mu v} -$$

$$\mu v\frac{\theta_0^2}{2\mu^2} - 2\mu v\frac{\theta_0}{\mu}\sqrt{\frac{\Delta\phi_0}{\mu v} + \frac{\theta_0^2}{2\mu^2}}$$

$$= \Delta\phi_0 + \frac{1}{2}\frac{v}{\mu}\theta^2 - \frac{1}{2}\frac{v}{\mu}\theta_0^2 + 2v\frac{\theta_0^2}{2\mu^2} + 2v\theta_0\sqrt{\frac{\Delta\phi_0}{\mu v} + \frac{\theta_0^2}{2\mu^2}} - v\frac{\theta_0^2}{\mu^2} - \Delta\phi_0 - v\frac{\theta_0^2}{\mu^2} -$$

$$2v\theta_0\sqrt{\frac{\Delta\phi_0}{\mu v} + \frac{\theta_0^2}{2\mu^2}}$$

$$= \frac{1}{2}\frac{v}{\mu}\theta^2 - \frac{1}{2}\frac{v}{\mu}\theta_0^2 + 2v\frac{\theta_0^2}{\mu} + -v\frac{\theta_0^2}{\mu} - v\frac{\theta_0^2}{2\mu}$$

$$= \frac{v}{2\mu}\theta^2$$

即 $\Delta\phi(t) = \frac{v}{2\mu}\theta^2$,或 $\theta = -\sqrt{\frac{2\mu}{v}\Delta\phi(t)}$,而这正好是 $\theta = f_2(\Delta\phi)$ 的表达式。也就是说,$t_1 \to t_2$ 的过程中,$(\Delta\phi,\theta)$ 的坐标正好沿着 $\theta = f_2(\Delta\phi)$ 演化到原点 $(0,0)$。

最后,我们总结一下①、②区,得到 $\bar{u}(t)$

$$\bar{u}(t) = \begin{cases} -1 & t \in [0,t_1] \\ +1 & t \in (t_1,t_2] \\ 0 & t \in (t_2,\infty] \end{cases}$$

其中

$$t_1 = \frac{\theta_0}{\mu} + \sqrt{\frac{\Delta\phi_0}{\mu v} + \frac{\theta_0^2}{2\mu^2}}, \quad t_2 = \frac{\theta_0}{\mu} + 2\sqrt{\frac{\Delta\phi_0}{\mu v} + \frac{\theta_0^2}{2\mu^2}}$$

航向 $\Delta\phi(t)$

$$\Delta\phi(t) = \begin{cases} \Delta\phi_0 + v\cdot\left(\theta_0 t - \frac{1}{2}\mu t^2\right) & t \in [0,t_1] \\ \Delta\phi_0 + \mu v t_1^2 + v\cdot\left[(\theta_0 - 2\mu t_1)\cdot t + \frac{1}{2}\mu t^2\right] & t \in (t_1,t_2] \\ 0 & t \in (t_2,\infty] \end{cases}$$

同时,根据运动方程 $y(t) = y_0 + \int_0^t v\cdot\sin\phi(t)\mathrm{d}t$,令 $y(t_2) = 0$,则可以计算出对应的 y_0,其意义在于:从这样的 y_0 和 $\{\phi_0,\theta_0\}$ 出发,经过 $[0,t_2]$ 的演化,最后车辆状态"恰好"达到了 $\{x,y,\phi,\theta,v\}_{t=t_f} = \{x_f,0,0,0,v\}$。我们把这样的 y_0 记为 $\bar{y}$,称作恰好距

离 $\bar{y}$，于是有

$$0 = \bar{y} + \int_0^{t_2} v \cdot \sin\phi(t)\mathrm{d}t$$

$$\bar{y} = -v\int_0^{t_2} \sin\phi(t)\mathrm{d}t$$

其中，$\phi(t) = \Delta\phi(t)$ 为抛物线，积分 $\int_0^{t_2}\sin\phi(t)\mathrm{d}t$ 为菲涅耳积分，无初等原函数，我们可以用辛普森方法对它进行数值计算。

（2）情况③、④。

相信读者已经认识到我们求解 $\bar{u}(t)$ 的方法了，本质上我们的求解过程是在 $\{\Delta\phi,\theta\}$ 平面上进行抛物线绘制（包括抛物线、直线段）。对于③、④区的求解，与①、②区方法一致。我们仍然描述具体过程，以省去读者自己推导的麻烦。情况③、④如图 6-10 所示。

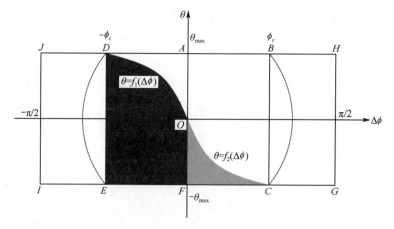

图 6-10　情况③、④

首先计算左转时间 t_1：当 $t \in [0, t_1]$ 时，$\bar{u}(t) = +1$，运动方程

$$\theta(t) = \theta_0 + \mu\int_0^t (+1)\mathrm{d}t = \theta_0 + \mu t$$

$$\Delta\phi(t) = \Delta\phi_0 + v \cdot \int_0^t \theta(t)\mathrm{d}t = \Delta\phi_0 + v \cdot \int_0^t (\theta_0 + \mu t)\mathrm{d}t = \Delta\phi_0 + v \cdot \left(\theta_0 t + \frac{1}{2}\mu t^2\right)$$

将 $t = \dfrac{\theta - \theta_0}{\mu}$ 代入上式得到

$$\Delta\phi(\theta) = \Delta\phi_0 + \frac{v}{2\mu} \cdot (\theta^2 - \theta_0^2)$$

如图 6-11 所示，$\Delta\phi(\theta)$ 也是一条抛物线，该抛物线与 $\theta = f_1(\Delta\phi)$ 相交于第 2 象限，简单地，我们有

$$\begin{cases} \theta(t_1) = \theta_0 + \mu t_1 \\ \theta(t_1) = f_1(\Delta\phi(t_1)) \end{cases}$$

即

$$\theta_0 + \mu t_1 = f_1(\Delta\phi(t_1)) = \sqrt{\frac{-2\mu}{v}\left[\Delta\phi_0 + v\cdot\left(\theta_0 t_1 + \frac{1}{2}\mu t_1^2\right)\right]}$$

最后求出

$$t_1 = -\frac{\theta_0}{\mu} \pm \sqrt{-\frac{\Delta\phi_0}{\mu v} + \frac{\theta_0^2}{2\mu^2}}$$

由 $\theta(t_1) = \theta_0 + \mu t_1 > 0$ 得到

$$t_1 = -\frac{\theta_0}{\mu} + \sqrt{-\frac{\Delta\phi_0}{\mu v} + \frac{\theta_0^2}{2\mu^2}}$$

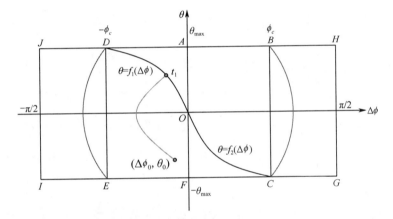

图 6-11　情况③、④的抛物线

下面计算右转时间 t_2：当 $t \in [t_1, t_2]$ 时，$\bar{u}(t) = -1$，至 t_2 时到达原点，$\theta(t_2) = \Delta\phi(t_2) = 0$，根据运动方程

$$\theta(t) = \theta(t_1) + \int_{t_1}^{t} \mu\cdot(-1)\mathrm{d}t = \theta_0 + 2\mu t_1 - \mu t$$

令 $t = t_2$ 得到

$$\theta_0 + 2\mu t_1 - \mu t_2 = 0$$

即

$$t_2 = 2t_1 + \frac{\theta_0}{\mu} = -\frac{\theta_0}{\mu} + 2\sqrt{-\frac{\Delta\phi_0}{\mu v} + \frac{\theta_0^2}{2\mu^2}}$$

计算航向

$$\Delta\phi(t) = \Delta\phi(t_1) + v \cdot \int_{t_1}^{t} \theta(t)\mathrm{d}t$$

$$= \Delta\phi(t_1) + v \cdot \int_{t_1}^{t} (\theta_0 + 2\mu t_1 - \mu t)\mathrm{d}t$$

$$= \Delta\phi_0 + v \cdot \left(\theta_0 t_1 + \frac{1}{2}\mu t_1^2\right) + v \cdot \left[(\theta_0 + 2\mu t_1) \cdot t - \frac{1}{2}\mu t^2\right]_{t_1}^{t}$$

$$= \Delta\phi_0 - \mu v t_1^2 + v \cdot \left[(\theta_0 + 2\mu t_1) \cdot t - \frac{1}{2}\mu t^2\right]$$

最后，我们总结一下③、④区，得到 $\bar{u}(t)$

$$\bar{u}(t) = \begin{cases} +1 & t \in [0, t_1] \\ -1 & t \in (t_1, t_2] \\ 0 & t \in (t_2, \infty] \end{cases}$$

其中

$$t_1 = -\frac{\theta_0}{\mu} + \sqrt{-\frac{\Delta\phi_0}{\mu v} + \frac{\theta_0^2}{2\mu^2}}, \quad t_2 = -\frac{\theta_0}{\mu} + 2\sqrt{-\frac{\Delta\phi_0}{\mu v} + \frac{\theta_0^2}{2\mu^2}}$$

航向

$$\Delta\phi(t) = \begin{cases} \Delta\phi_0 + v \cdot \left(\theta_0 t + \frac{1}{2}\mu t^2\right) & t \in [0, t_1] \\ \Delta\phi_0 - \mu v t_1^2 + v \cdot \left[(\theta_0 + 2\mu t_1) \cdot t - \frac{1}{2}\mu t^2\right] & t \in (t_1, t_2] \\ 0 & t \in (t_2, \infty] \end{cases}$$

恰好距离

$$\bar{y} = -v\int_0^{t_2} \sin\phi(t)\mathrm{d}t$$

（3）情况⑤、⑧。

如图 6-12 所示，⑤区是矩形 $BCGH$，⑧区是线段 CG。浅色部分分区为 S_2，深色部分分区为 S_3，S_2 表示先右转再左转 2 步就可以回到原点：$\bar{u}(t) = -1 \to +1$，S_3 表示先右转然后直行最后左转 3 步回到原点：$\bar{u}(t) = -1 \to 0 \to +1$，$S_2$ 和 S_3 的分区示意图如图 6-13 所示。我们先计算 S_2 与 S_3 的分界线。

无论 $\{\phi_0, \theta_0\}$ 位于 S_2 还是 S_3，当 $t \in [0, t_1]$ 时，都右转：$\bar{u}(t) = -1$，区别在于 $t = t_1$ 时，S_2 区的对应抛物线（图 6-13 中浅色抛物线）与抛物线 $\theta = f_2(\Delta\phi)$ 相交，S_3 区的对应抛物线（图 6-13 中深色抛物线）与⑧区线段 CG 相交，C 点是 $\theta = f_2(\Delta\phi)$ 与⑧区线段 CG 的交点，因此 S_2 与 S_3 的分界线必然满足

$$\theta(t_1) = -\theta_{\max}$$

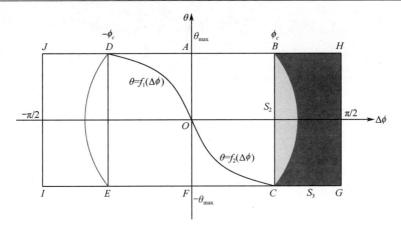

图 6-12 情况⑤、⑧

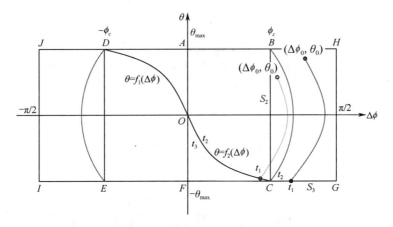

图 6-13 S_2 和 S_3 的分区示意图

引用①、②区的结论 $\theta(t) = \theta_0 - \mu t$ 得到（事实上 S_2 的结果与①、②区完全一致，所以直接引用）

$$\theta_0 - \mu t_1 = -\theta_{\max}$$

引用①、②区的结论 $t_1 = \dfrac{\theta_0}{\mu} + \sqrt{\dfrac{\Delta\phi_0}{\mu v} + \dfrac{\theta_0^{\,2}}{2\mu^2}}$，代入上式得到

$$\theta_0 - \mu\left(\dfrac{\theta_0}{\mu} + \sqrt{\dfrac{\Delta\phi_0}{\mu v} + \dfrac{\theta_0^{\,2}}{2\mu^2}}\right) = -\theta_{\max}$$

计算出

$$\Delta\phi_0 = \dfrac{v}{2\mu}(2\theta_{\max}^{\,2} - \theta_0^{\,2})$$

满足上式的 $\{\phi_0, \theta_0\}$ 组成了 S_2 与 S_3 的分界线，可以看出分界线是一条抛物线，当 $\Delta\phi_0 > \dfrac{v}{2\mu}(2\theta_{\max}^2 - \theta_0^2)$ 时为 S_3 区，当 $\Delta\phi_0 \leq \dfrac{v}{2\mu}(2\theta_{\max}^2 - \theta_0^2)$ 时为 S_2 区。并且，令 $\theta_0 = \pm\theta_{\max}$ 可以得到 $\phi_c = \dfrac{v \cdot \theta_{\max}^2}{2\mu}$。

S_2 的结果与①、②区完全一致，下面计算 S_3 区

$$\bar{u}(t) = \begin{cases} -1 & t \in [0, t_1] \\ 0 & t \in (t_1, t_2] \\ +1 & t \in (t_2, t_3) \\ 0 & t \in (t_3, \infty] \end{cases}$$

对于 $[0, t_1]$，运动方程

$$\theta(t) = \theta_0 + \int_0^t \mu \cdot (-1) \mathrm{d}t = \theta_0 - \mu t$$

$t = t_1$ 时，达到⑧区线段 CG 上，有

$$\theta(t_1) = -\theta_{\max}$$

于是

$$\theta_0 - \mu t_1 = -\theta_{\max}$$

解得

$$t_1 = \dfrac{\theta_0 + \theta_{\max}}{\mu}$$

航向

$$\Delta\phi(t) = \Delta\phi_0 + v \cdot \int_0^t \theta(t) \mathrm{d}t = \Delta\phi_0 + v \cdot \int_0^t (\theta_0 - \mu t) \mathrm{d}t$$

$$= \Delta\phi_0 + v \cdot \left(\theta_0 t - \dfrac{1}{2}\mu t^2\right)$$

$$\Delta\phi(t_1) = \Delta\phi_0 + v \cdot \left(\theta_0 t_1 - \dfrac{1}{2}\mu t_1^2\right)$$

$$= \Delta\phi_0 + \dfrac{v}{2\mu}(\theta_0^2 - \theta_{\max}^2)$$

对于 $(t_1, t_2]$，$\bar{u}(t) = 0$，$\theta(t) = -\theta_{\max}$。

航向

$$\Delta\phi(t) = \Delta\phi(t_1) + v \cdot \int_{t_1}^t (-\theta_{\max}) \mathrm{d}t = \Delta\phi(t_1) - v \cdot \theta_{\max} \cdot (t - t_1)$$

由 $\Delta\phi(t_2) = \phi_c$ 得到

$$\phi_c = \Delta\phi(t_1) - v \cdot \theta_{\max} \cdot (t_2 - t_1)$$

于是

$$t_2 = t_1 + \frac{\Delta\phi(t_1) - \phi_c}{v \cdot \theta_{\max}}$$

对于 (t_2, t_3)，$\bar{u}(t) = +1$，运动方程

$$\theta(t) = \theta(t_2) + \int_{t_2}^{t} \mu \cdot (+1) \mathrm{d}t = -\theta_{\max} + \mu(t - t_2) = \mu t - \theta_{\max} - \mu t_2$$

令 $t = t_3$，$\theta(t_3) = 0$，有

$$-\theta_{\max} + \mu(t_3 - t_2) = 0$$

得到

$$t_3 = t_2 + \frac{\theta_{\max}}{\mu}$$

航向

$$\Delta\phi(t) = \Delta\phi(t_2) + v \cdot \int_{t_2}^{t} \theta(t) \mathrm{d}t = \Delta\phi(t_2) + v \cdot \int_{t_2}^{t} (\mu t - \theta_{\max} - \mu t_2) \mathrm{d}t$$

$$= \phi_c + v \cdot \left[\frac{1}{2}\mu t^2 - (\theta_{\max} + \mu t_2)t\right]_{t_2}^{t}$$

最后，我们总结一下 S_3 区，得到 $\bar{u}(t)$

$$\bar{u}(t) = \begin{cases} -1 & t \in [0, t_1] \\ 0 & t \in (t_1, t_2] \\ +1 & t \in (t_2, t_3] \\ 0 & t \in (t_3, \infty] \end{cases}$$

其中，$t_1 = \dfrac{\theta_0 + \theta_{\max}}{\mu}$，$t_2 = t_1 + \dfrac{\Delta\phi(t_1) - \phi_c}{v \cdot \theta_{\max}}$，$t_3 = t_2 + \dfrac{\theta_{\max}}{\mu}$。

航向

$$\Delta\phi(t) = \begin{cases} \Delta\phi_0 + v \cdot \left(\theta_0 t - \dfrac{1}{2}\mu t^2\right) & t \in [0, t_1] \\ \Delta\phi(t_1) - v \cdot \theta_{\max} \cdot (t - t_1) & t \in (t_1, t_2] \\ \phi_c + v \cdot \left[\dfrac{1}{2}\mu t^2 - (\theta_{\max} + \mu t_2)t\right]_{t_2}^{t} & t \in (t_2, t_3] \\ 0 & t \in (t_3, \infty] \end{cases}$$

⑧区包含在 S_3 区中，$t_1 = 0$。

恰好距离

$$\bar{y} = -v\int_0^{t_3} \sin\phi(t) \mathrm{d}t$$

（4）情况⑥、⑨。

如图 6-14 所示，⑥区是矩形 $DEIJ$，⑨区是线段 JD。深色部分分区为 S_2，浅色部分分区为 S_3，S_2 表示先左转再右转 2 步就可以回到原点：$\bar{u}(t) = +1 \rightarrow -1$；$S_3$ 表示

先左转然后直行最后右转 3 步回到原点：$\overline{u}(t) = +1 \to 0 \to -1$，$S_2$ 和 S_3 的分区示意图如图 6-15 所示。我们先计算 S_2 与 S_3 的分界线。

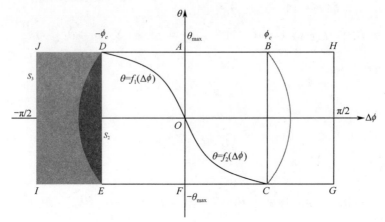

图 6-14　情况⑥、⑨

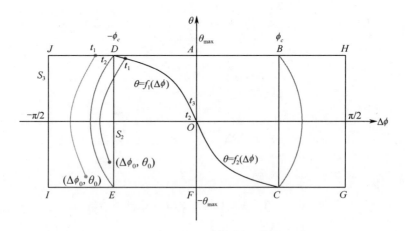

图 6-15　S_2 和 S_3 的分区示意图

无论 $\{\phi_0, \theta_0\}$ 位于 S_2 还是 S_3，当 $t \in [0, t_1]$ 时，都左转，$\overline{u}(t) = +1$，区别在于 $t = t_1$ 时，S_2 区的对应抛物线（图中深色抛物线）与抛物线 $\theta = f_1(\Delta\phi)$ 相交，S_3 区的对应抛物线（图中浅色抛物线）与⑨区线段 JD 相交，D 点是 $\theta = f_1(\Delta\phi)$ 与⑨区线段 JD 的交点，因此分界线 DE（曲线）必然满足

$$\theta(t_1) = \theta_{\max}$$

引用③、④区的结论 $\theta(t) = \theta_0 + \mu t$ 得到（事实上 S_2 的结果与③、④区完全一致，所以直接引用）

$$\theta_0 + \mu t_1 = \theta_{\max}$$

引用③、④区的结论 $t_1 = -\dfrac{\theta_0}{\mu} + \sqrt{-\dfrac{\Delta\phi_0}{\mu v} + \dfrac{\theta_0^2}{2\mu^2}}$，代入上式计算出

$$\Delta\phi_0 = \dfrac{v}{2\mu}(\theta_0^2 - 2\theta_{\max}^2)$$

满足上式的 $\{\phi_0, \theta_0\}$ 组成了 S_2 与 S_3 的分界线，可以看出分界线是一条抛物线，当 $\Delta\phi_0 < \dfrac{v}{2\mu}(\theta_0^2 - 2\theta_{\max}^2)$ 时为 S_3 区，当 $\Delta\phi_0 \geq \dfrac{v}{2\mu}(\theta_0^2 - 2\theta_{\max}^2)$ 时为 S_2 区。并且，令 $\theta_0 = \pm\theta_{\max}$ 可以得到 $\phi_c = \dfrac{v \cdot \theta_{\max}^2}{2\mu}$。

S_2 的结果与③、④区完全一致，下面计算 S_3 区

$$\bar{u}(t) = \begin{cases} +1 & t \in [0, t_1] \\ 0 & t \in (t_1, t_2] \\ -1 & t \in (t_2, t_3] \\ 0 & t \in (t_3, \infty] \end{cases}$$

对于 $[0, t_1]$，运动方程

$$\theta(t) = \theta_0 + \int_0^t \mu \cdot (+1) \mathrm{d}t = \theta_0 + \mu t$$

$t = t_1$ 时，达到⑨区线段 JD 上，有

$$\theta(t_1) = \theta_{\max}$$

于是

$$\theta_0 + \mu t_1 = \theta_{\max}$$

解得

$$t_1 = \dfrac{\theta_{\max} - \theta_0}{\mu}$$

航向

$$\Delta\phi(t) = \Delta\phi_0 + v \cdot \int_0^t \theta(t) \mathrm{d}t = \Delta\phi_0 + v \cdot \int_0^t (\theta_0 + \mu t) \mathrm{d}t$$
$$= \Delta\phi_0 + v \cdot \left(\theta_0 t + \dfrac{1}{2}\mu t^2\right)$$
$$\Delta\phi(t_1) = \Delta\phi_0 + v \cdot \left(\theta_0 t_1 + \dfrac{1}{2}\mu t_1^2\right)$$

对于 $(t_1, t_2]$，$\bar{u}(t) = 0$，$\theta(t) = \theta_{\max}$。

航向

$$\Delta\phi(t) = \Delta\phi(t_1) + v \cdot \int_{t_1}^t \theta_{\max} \mathrm{d}t = \Delta\phi(t_1) + v \cdot \theta_{\max} \cdot (t - t_1)$$

由 $\Delta\phi(t_2) = -\phi_c$ 得到

$$-\phi_c = \Delta\phi(t_1) + v \cdot \theta_{\max} \cdot (t_2 - t_1)$$

于是

$$t_2 = t_1 + \frac{-\Delta\phi(t_1) - \phi_c}{v \cdot \theta_{\max}}$$

对于 $(t_2, t_3]$，$\bar{u}(t) = -1$，运动方程

$$\theta(t) = \theta(t_2) + \int_{t_2}^{t} \mu \cdot (-1) \mathrm{d}t = \theta_{\max} - \mu(t - t_2) = -\mu t + \theta_{\max} + \mu t_2$$

令 $t = t_3$，$\theta(t_3) = 0$，有

$$\theta_{\max} - \mu(t_3 - t_2) = 0$$

得到

$$t_3 = t_2 + \frac{\theta_{\max}}{\mu}$$

航向

$$\Delta\phi(t) = \Delta\phi(t_2) + v \cdot \int_{t_2}^{t} \theta(t) \mathrm{d}t = \Delta\phi(t_2) + v \cdot \int_{t_2}^{t} (-\mu t + \theta_{\max} + \mu t_2) \mathrm{d}t$$

$$= -\phi_c + v \cdot \left[-\frac{1}{2}\mu t^2 + (\theta_{\max} + \mu t_2) t \right]_{t_2}^{t}$$

最后，我们总结一下 S_3 区，得到 $\bar{u}(t)$

$$\bar{u}(t) = \begin{cases} +1 & t \in [0, t_1] \\ 0 & t \in (t_1, t_2] \\ -1 & t \in (t_2, t_3] \\ 0 & t \in (t_3, \infty] \end{cases}$$

其中，$t_1 = \dfrac{\theta_{\max} - \theta_0}{\mu}$，$t_2 = t_1 + \dfrac{-\Delta\phi(t_1) - \phi_c}{v \cdot \theta_{\max}}$，$t_3 = t_2 + \dfrac{\theta_{\max}}{\mu}$。

航向

$$\Delta\phi(t) = \begin{cases} \Delta\phi_0 + v \cdot \left(\theta_0 t + \dfrac{1}{2}\mu t^2 \right) & t \in [0, t_1] \\ \Delta\phi(t_1) + v \cdot \theta_{\max} \cdot (t - t_1) & t \in (t_1, t_2] \\ -\phi_c + v \cdot \left[-\dfrac{1}{2}\mu t^2 + (\theta_{\max} + \mu t_2) t \right]_{t_2}^{t} & t \in (t_2, t_3] \\ 0 & t \in (t_3, \infty] \end{cases}$$

⑨区包含在 S_3 区中，$t_1 = 0$。

恰好距离

$$\bar{y} = -v \int_{0}^{t_3} \sin\phi(t) \mathrm{d}t$$

（5）情况⑦。

$\bar{y} = 0$。

至此按照①~⑨分区进行的 $u(t)$-simple 问题求解全部讨论完毕。按照 $\bar{u}(t)$ 的结果来看，可以归纳为 4 种分区情况，如图 6-16 所示。区域一：$\bar{u}(t) = -1 \to +1$；区域二：$\bar{u}(t) = -1 \to 0 \to +1$；区域三：$\bar{u}(t) = +1 \to -1$；区域四：$\bar{u}(t) = +1 \to 0 \to -1$。

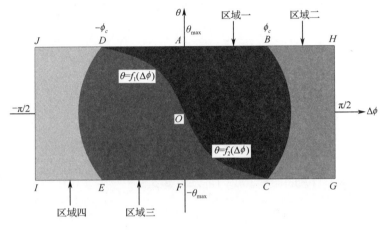

图 6-16　4 种分区

6.4　$u(t)$-complete 问题求解

现在我们可以来求解 $u(t)$-complete 问题

$$u(t)\text{-complete problem:} \{x_0, y_0, \phi_0, \theta_0, v\} \xrightarrow{\text{求解}u(t)} \{x_f, 0, 0, 0, v\}$$

在 CN201380024793.4《路径规划自动驾驶仪》专利中建议增加车辆在接近目标直线时的航向限制，本节引用了这一思想。对于特征时间 T_2 的求解，采用二分法独特地解决了 T_2 求解计算复杂度的问题。

首先，我们引入接近目标直线时的航向限制，如图 6-17 所示。我们希望车辆接近目标直线时不至于太陡峭，设定在车速为 v 时，最大接近航向角为 $\pm\phi_{\max}$（一般而言，$\phi_{\max}(v)$ 是一条关于 v 的下降曲线，即车速 v 较小时，$\phi_{\max}(v)$ 取大值，车速 v 较大时，$\phi_{\max}(v)$ 取小值），$\phi_{\max} < \frac{\pi}{2}$。注意，引入 $\phi_{\max}$ 并非指车辆初始航向角 ϕ_0 必须满足 $\phi_0 \in [-\phi_{\max}, +\phi_{\max}]$，而是指 $\pm\phi_{\max}$ 是车辆接近目标直线时所期望的靠近角里面的最大值。

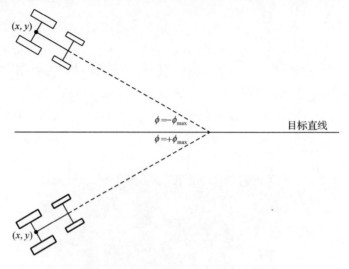

图 6-17　接近目标直线时的航向限制

根据 $u(t)$-simple 问题的研究，我们可以求解 $\phi_0 \xrightarrow{\Delta\phi=\phi_0-\phi_f} \phi_f=0, \theta_0 \to 0$ 的过程，该过程同时导致 $y_0 \xrightarrow{\bar{y}=y_0-y_f} y_f$。引申一下，我们也可以求解 $\phi_0 \xrightarrow{\Delta\phi=\phi_0-\phi_f} \phi_f=\pm\phi_{\max}, \theta_0 \to 0$ 的过程，该过程导致 $y_0 \xrightarrow{\bar{y}=y_0-y_f} y_f$，这一过程与上述过程唯一的区别就是 $\Delta\phi=\phi_0-\phi_f=\phi_0-(\pm\phi_{\max})$。我们称 $u(t)$-simple 问题的求解过程为最佳转弯或恰好转弯过程，与人类驾驶员行驶时"转向到一定位置，然后一把回正"的操作方式完全一致。

为方便后文分析和程序编写，我们采用 Fresnel Integral（菲涅耳积分）的首字母 F 来特别指定恰好距离 $\bar{y}$，即 $y_F=\bar{y}$。下面讨论从任意的 $\{y_0,\phi_0,\theta_0\}$ 及恒定的车速 v 出发，如何通过规划 $\bar{u}(t)$ 使得终态为 $\{0,0,0\}$，我们将所有的情形分成 a、b、c、d 四种。

情形 a： 如果 $y_0=y_F(\phi_0,\theta_0)$，则为最简单的情形，直接计算到 x 轴的最佳转弯过程。

情形 b： 如图 6-18 所示，如果 $y_0>y_F(\phi_0,\theta_0)>0$，且 $\phi_0=-\phi_{\max}, \theta_0=0$，或者 $y_0<y_F(\phi_0,\theta_0)<0$，且 $\phi_0=+\phi_{\max}, \theta_0=0$，则规划一个特征时间 T_3，在 T_3 时间内，车辆沿 $-\phi_{\max}$ 或 $+\phi_{\max}$ 直线前进，直到 $y(T_3)=y_F(T_3)=y_F(\phi_0,\theta_0)$。$y(T_3)=y_F(T_3)$ 时，转化为情形 a，直接计算到 x 轴的最佳转弯。根据示意图，车辆在 T_3 时间内行驶了 $v \cdot T_3$，解直角三角形可得

$$\sin\phi_{\max}=\frac{|y_0-y_F|}{v \cdot T_3}$$

于是特征时间

$$T_3=\frac{|y_0-y_F|}{v \cdot \sin\phi_{\max}}$$

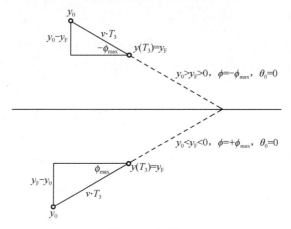

图 6-18　情形 b

情形 c： 如果 $y_0 > y_F(\phi_0, \theta_0)$，则先计算到 $-\phi_{max}$ 的最佳转弯过程。令 $\Delta\phi_0 = \phi_0 - (-\phi_{max}) = \phi_0 + \phi_{max}$，$\theta(t_0) = \theta_0$，求解 $\phi_0 \xrightarrow{\Delta\phi_0 = \phi_0 - \phi_f} \phi_f = -\phi_{max}, \theta_0 \to 0$。计算到 $-\phi_{max}$ 的最佳转弯特征时间，记为 T_1，我们计算 $y(T_1)$、$y_F(T_1)$，则 $y(T_1)$、$y_F(T_1)$ 之间有 3 种关系

$$y(T_1) = y_F(T_1);\quad y(T_1) < y_F(T_1);\quad y(T_1) > y_F(T_1)$$

情形 c.1： $y(T_1) = y_F(T_1)$

如图 6-19 所示，显然这是情形 a，直接计算到 x 轴的最佳转弯过程。

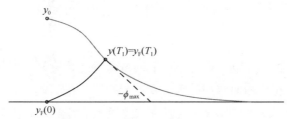

图 6-19　情形 c.1

情形 c.2： $y(T_1) < y_F(T_1)$

如图 6-20 所示，因为 $y(0) > y_F(0)$，车辆执行到 $-\phi_{max}$ 的最佳转弯过程，显然 $y(t), y_F(t)$ 均为连续光滑函数，因此必然存在一个特征时间 $T_2 \in (0, T_1)$，使得 $y(T_2) = y_F(T_2)$。

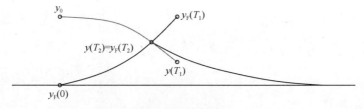

图 6-20　情形 c.2

求解特征时间 T_2，可以用下述方法实现：

（1）计算到 $-\phi_{\max}$ 的最佳转弯过程，得到最佳转弯过程中的曲率分段函数 $\theta(t)$ 和航向角分段函数 $\phi(t)$（最佳转弯过程的内部时间记为 t_1、t_2、t_3）。根据分区的不同，可以得到特征时间 $T_1 = t_2$ 或 t_3。

（2）将 t 时刻 $[t \in (0, T_1)]$ 的曲率 $\theta(t)$ 和航向角 $\phi(t)$ 作为初始值，计算到 x 轴的最佳转弯，得到次级最佳转弯相应的曲率分段函数 $\theta^*(t^*)$ 和航向角分段函数 $\phi^*(t^*)$，然后计算恰好距离 y_F，该值即为 t 时刻 $\theta(t)$、$\phi(t)$ 状态下的恰好距离 $y_F(t)$。

（3）根据航向角分段函数 $\phi(t)$ 和车辆运动方程 $y(t) = y_0 + \int_0^t v \cdot \sin\phi(t) \mathrm{d}t$，计算 $(0, T_1)$ 内任意 t 时刻车辆的 $y(t)$ 位置。

（4）求解非线性方程 $y(t) - y_F(t) = 0$，其解即为特征时间 T_2。

一般而言，上述方法计算量非常大，效率极低。求解特征时间 T_2 的核心在于求解非线性方程 $y(t) - y_F(t) = 0$。又由于 $y(t)$、$y_F(t)$ 形式复杂，所以求解 $y(t) - y_F(t) = 0$ 采用二分法是非常合适的，详细的计算过程如下：

（1）计算到 $-\phi_{\max}$ 的最佳转弯过程，得到最佳转弯过程中的曲率分段函数 $\theta(t)$ 和航向角分段函数 $\phi(t)$（最佳转弯过程的内部时间记为 t_1、t_2、t_3）。根据分区的不同，可以得到特征时间 $T_1 = t_2$ 或 t_3。

（2）令 $t_m = \dfrac{t_a + t_b}{2}$，首次计算时，$t_a = 0$，$t_b = T_1$，以后每次循环计算时，$t_a$、$t_b$ 的值从上一次循环得来。

（3）将 t_m 时刻的曲率 $\theta(t_m)$ 和航向角 $\phi(t_m)$ 作为初始值，计算到 x 轴的最佳转弯，得到次级最佳转弯相应的曲率分段函数 $\theta^*(t^*)$ 和航向角分段函数 $\phi^*(t^*)$，然后计算恰好距离 y_F，该值即为 t_m 时刻 $\theta(t_m)$、$\phi(t_m)$ 状态下的恰好距离 $y_F(t_m)$。

（4）根据航向角分段函数 $\phi(t)$ 和车辆运动方程 $y(t) = y_0 + \int_0^t v \cdot \sin\phi(t) \mathrm{d}t$ 计算 t_m 时刻车辆的 $y(t_m)$ 位置。

（5）如果 $y(t_m) = y_F(t_m)$，则特征时间 $T_2 = t_m$，求解 T_2 结束。

（6）如果 $y(t_m) > y_F(t_m)$，如图 6-21 所示，T_2 必定位于 t_m、t_b 之间，取 $t_p = \dfrac{t_m + t_b}{2}$，必然有 $|T_2 - t_p| < \dfrac{1}{2}|t_b - t_m|$，为了使 t_p 成为一个对 T_2 很好的估计，我们要求 $|T_2 - t_p| \leq \varepsilon_{T_2}$，令 $\dfrac{1}{2}|t_b - t_m| \leq \varepsilon_{T_2}$，我们必然得到 $|T_2 - t_p| \leq \varepsilon_{T_2}$。判断 $\dfrac{1}{2}|t_b - t_m| \leq \varepsilon_{T_2}$ 是否成立，如果成立，则终止循环，$T_2 \approx t_p$。如果 $\dfrac{1}{2}|t_b - t_m| > \varepsilon_{T_2}$，证明有可能 $|T_2 - t_p| > \varepsilon_{T_2}$，即 t_p 的取值不够好，则令 $t_a = t_m$，$t_b = t_b$，循环回到第（2）步。

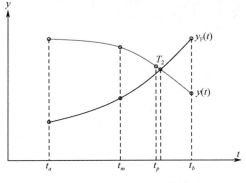

图 6-21　$y(t_m) > y_F(t_m)$ 的情形

（7）如果 $y(t_m) < y_F(t_m)$，如图 6-22 所示，T_2 必定位于 t_a、t_m 之间，取 $t_p = \dfrac{t_a + t_m}{2}$，必然有 $|T_2 - t_p| < \dfrac{1}{2}|t_m - t_a|$，为了使 t_p 成为一个对 T_2 很好的估计，我们要求 $|T_2 - t_p| \leq \varepsilon_{T_2}$，令 $\dfrac{1}{2}|t_m - t_a| \leq \varepsilon_{T_2}$，我们必然得到 $|T_2 - t_p| \leq \varepsilon_{T_2}$。判断 $\dfrac{1}{2}|t_m - t_a| \leq \varepsilon_{T_2}$ 是否成立，如果成立，则终止循环，$T_2 \approx t_p$。如果 $\dfrac{1}{2}|t_m - t_a| > \varepsilon_{T_2}$，证明有可能 $|T_2 - t_p| > \varepsilon_{T_2}$，即 t_p 的取值不够好，则令 $t_a = t_a$，$t_b = t_m$，循环回到第（2）步。

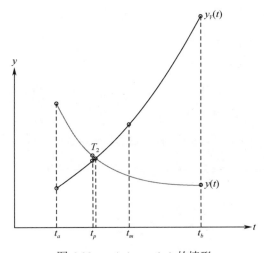

图 6-22　$y(t_m) < y_F(t_m)$ 的情形

情形 c.3：$y(T_1) > y_F(T_1)$

如图 6-23 所示，在 T_1 时，$\phi(T_1) = -\phi_{\max}$，$\theta(T_1) = 0$，车辆沿 $-\phi_{\max}$ 方向直线前进，$y_F(t)$ 恒定为 $y_F(T_1)$，我们规划特征时间 T_3，在 T_3 时，$y(t) = y_F(t)$。

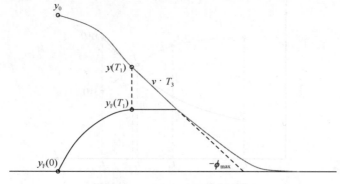

图 6-23　$y(T_1) > y_F(T_1)$ 的情形

解直角三角形可得

$$\sin\phi_{max} = \frac{|y(T_1) - y_F(T_1)|}{v \cdot T_3}$$

进而得到特征时间

$$T_3 = \frac{|y(T_1) - y_F(T_1)|}{v \cdot \sin\phi_{max}}$$

得到 T_3 后，$y(t) = y_F(t)$，转化为情形 a，直接计算到 x 轴的最佳转弯过程。

情形 d：如果 $y_0 < y_F(\phi_0, \theta_0)$，则先计算到 $+\phi_{max}$ 的最佳转弯过程。令 $\Delta\phi_0 = \phi_0 - (+\phi_{max}) = \phi_0 - \phi_{max}$，$\theta(t_0) = \theta_0$，求解 $\phi_0 \xrightarrow{\Delta\phi_0 = \phi_0 - \phi_f} \phi_f = \phi_{max}, \theta_0 \to 0$。计算到 $+\phi_{max}$ 的最佳转弯特征时间，记为 T_1，我们计算 $y(T_1)$、$y_F(T_1)$，则 $y(T_1)$、$y_F(T_1)$ 之间有 3 种关系

$$y(T_1) = y_F(T_1); \qquad y(T_1) > y_F(T_1); \qquad y(T_1) < y_F(T_1)$$

情形 d.1：$y(T_1) = y_F(T_1)$

如图 6-24 所示，显然这是情形 a，直接计算到 x 轴的最佳转弯过程。

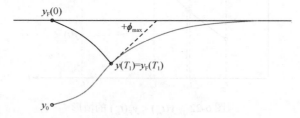

图 6-24　情形 d.1

情形 d.2：$y(T_1) > y_F(T_1)$

如图 6-25 所示，因为 $y(0) < y_F(0)$，车辆执行到 $+\phi_{max}$ 的最佳转弯过程，显然 $y(t)$、$y_F(t)$ 均为连续光滑函数，因此必然存在一个特征时间 $T_2 \in (0, T_1)$，使得 $y(T_2) = y_F(T_2)$。

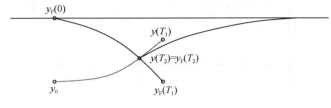

图 6-25　情形 d.2

求解特征时间 T_2 采用如下的二分法：

（1）计算到 $+\phi_{max}$ 的最佳转弯过程，得到最佳转弯过程中的曲率分段函数 $\theta(t)$ 和航向角分段函数 $\phi(t)$（最佳转弯过程的内部时间记为 t_1、t_2、t_3）。根据分区的不同，可以得到特征时间 $T_1 = t_2$ 或 t_3。

（2）令 $t_m = \dfrac{t_a + t_b}{2}$，首次计算时，$t_a = 0$，$t_b = T_1$，以后每次循环计算时，$t_a$、$t_b$ 的值从上一次循环得来。

（3）将 t_m 时刻的曲率 $\theta(t_m)$ 和航向角 $\phi(t_m)$ 作为初始值，计算到 x 轴的最佳转弯，得到次级最佳转弯相应的曲率分段函数 $\theta^*(t^*)$ 和航向角分段函数 $\phi^*(t^*)$，然后计算恰好距离 y_F，该值即为 t_m 时刻 $\theta(t_m)$、$\phi(t_m)$ 状态下的恰好距离 $y_F(t_m)$。

（4）根据航向角分段函数 $\phi(t)$ 和车辆运动方程 $y(t) = y_0 + \int_0^t v \cdot \sin\phi(t) \mathrm{d}t$ 计算 t_m 时刻车辆的 $y(t_m)$ 位置。

（5）如果 $y(t_m) = y_F(t_m)$，则特征时间 $T_2 = t_m$，求解 T_2 结束。

（6）如果 $y(t_m) < y_F(t_m)$，如图 6-26 所示，T_2 必定位于 t_m、t_b 之间，取 $t_p = \dfrac{t_m + t_b}{2}$，必然有 $|T_2 - t_p| < \dfrac{1}{2}|t_b - t_m|$，为了使 t_p 成为一个对 T_2 很好的估计，我们要求 $|T_2 - t_p| \leqslant \varepsilon_{T_2}$，令 $\dfrac{1}{2}|t_b - t_m| \leqslant \varepsilon_{T_2}$，我们必然得到 $|T_2 - t_p| \leqslant \varepsilon_{T_2}$。判断 $\dfrac{1}{2}|t_b - t_m| \leqslant \varepsilon_{T_2}$ 是否成立，如果成立，则终止循环，$T_2 \approx t_p$。如果 $\dfrac{1}{2}|t_b - t_m| > \varepsilon_{T_2}$，证明有可能 $|T_2 - t_p| > \varepsilon_{T_2}$，即 t_p 的取值不够好，则令 $t_a = t_m$，$t_b = t_b$，循环回到第（2）步。

（7）如果 $y(t_m) > y_F(t_m)$，如图 6-27 所示，T_2 必定位于 t_a、t_m 之间，取 $t_p = \dfrac{t_a + t_m}{2}$，必然有 $|T_2 - t_p| < \dfrac{1}{2}|t_m - t_a|$，为了使 t_p 成为一个对 T_2 很好的估计，我们要求 $|T_2 - t_p| \leqslant \varepsilon_{T_2}$，令 $\dfrac{1}{2}|t_m - t_a| \leqslant \varepsilon_{T_2}$，我们必然得到 $|T_2 - t_p| \leqslant \varepsilon_{T_2}$。判断 $\dfrac{1}{2}|t_m - t_a| \leqslant \varepsilon_{T_2}$ 是否成立，如果成立，则终止循环，$T_2 \approx t_p$。如果 $\dfrac{1}{2}|t_m - t_a| > \varepsilon_{T_2}$，证明有可能 $|T_2 - t_p| > \varepsilon_{T_2}$，即 t_p 的取值不够好，则令 $t_a = t_a$，$t_b = t_m$，循环回到第（2）步。

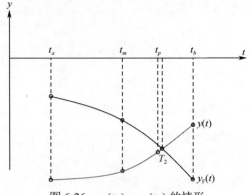

图 6-26　$y(t_m) < y_F(t_m)$ 的情形

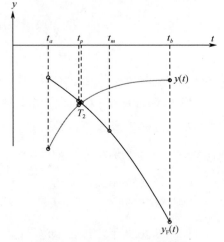

图 6-27　$y(t_m) > y_F(t_m)$ 的情形

情形 d.3：$y(T_1) < y_F(T_1)$

如图 6-28 所示，在 T_1 时，$\phi(T_1) = +\phi_{max}$，$\theta(T_1) = 0$，车辆开始沿 $+\phi_{max}$ 方向直线前进，$y_F(t)$ 恒定为 $y_F(T_1)$，我们规划特征时间 T_3，在 T_3 时，$y(t) = y_F(t)$。

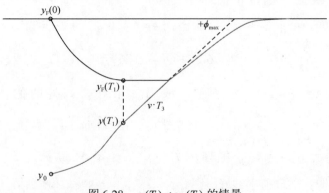

图 6-28　$y(T_1) < y_F(T_1)$ 的情景

解直角三角形可得
$$\sin\phi_{\max} = \frac{|y(T_1) - y_F(T_1)|}{v \cdot T_3}$$

进而得到特征时间
$$T_3 = \frac{|y(T_1) - y_F(T_1)|}{v \cdot \sin\phi_{\max}}$$

得到 T_3 后，$y(t) = y_F(t)$，转化为情形 a，直接计算到 x 轴的最佳转弯。这样，我们就求解了 $u(t)$-complete 问题。

第 7 章 $u(t)$–complete 算法实现

7.1 JTP2、JTP1 和 Find_T2

求解特征时间 T_2 的过程比较繁复，同时要用二分法计算 T_2 的精度，我们先介绍 JTP2、JTP1、Find_T2 三个 M 文件，然后用 UT_complete 来求解 $u(t)$-complete 问题。

7.1.1 JTP2

我们设计一个求解最佳转弯或恰好转弯（Just Turning Planner）的函数 JTP2，JTP2 的输入是：$\phi_0, \phi_f, \theta_0, \theta_{\max}, \mu, v$，输出是：$t_1, t_2, t_3, [a_i\ b_i\ c_i\ d_i\ e_i], y_F$，如图 7-1 所示。

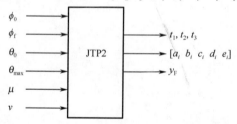

图 7-1 最佳转弯函数 JTP2

其中，$[a_i\ b_i\ c_i\ d_i\ e_i]$ 的定义是：
对于 $i=1,2,3$，
曲率 $\theta(t) = a_i + b_i \cdot t, t \in (t_{i-1}, t_i]$，
航向 $\Delta\phi(t) = c_i + d_i \cdot t + e_i \cdot t^2, t \in (t_{i-1}, t_i]$ 或 $\phi(t) = \phi_f + c_i + d_i \cdot t + e_i \cdot t^2, t \in (t_{i-1}, t_i]$。
系数矩阵为

$$A = \begin{bmatrix} a_1 & b_1 & c_1 & d_1 & e_1 \\ a_2 & b_2 & c_2 & d_2 & e_2 \\ a_3 & b_3 & c_3 & d_3 & e_3 \end{bmatrix}$$

第 7 章 $u(t)$-complete 算法实现

根据 6.3 节，t_1、t_2、t_3 和系数矩阵 A 按照 9 个分区可以直接给出。

（1）$\Delta\phi_0$、θ_0 位于①、②和⑤区里面的 S_2 区时：

$$t_1 = \frac{\theta_0}{\mu} + \sqrt{\frac{\Delta\phi_0}{\mu v} + \frac{\theta_0^2}{2\mu^2}}, t_2 = \frac{\theta_0}{\mu} + 2\sqrt{\frac{\Delta\phi_0}{\mu v} + \frac{\theta_0^2}{2\mu^2}}, t_3 = t_2$$

$$A = \begin{bmatrix} \theta_0 & -\mu & \Delta\phi_0 & v\cdot\theta_0 & -\frac{1}{2}\mu v \\ \theta_0 - 2\mu t_1 & \mu & \Delta\phi_0 + \mu v t_1^2 & v\cdot(\theta_0 - 2\mu t_1) & \frac{1}{2}\mu v \\ 0 & 0 & 0 & 0 & 0 \end{bmatrix}$$

（2）$\Delta\phi_0$、θ_0 位于③、④和⑥区里面的 S_2 区时：

$$t_1 = -\frac{\theta_0}{\mu} + \sqrt{\frac{\Delta\phi_0}{\mu v} + \frac{\theta_0^2}{2\mu^2}}, t_2 = -\frac{\theta_0}{\mu} + 2\sqrt{\frac{\Delta\phi_0}{\mu v} + \frac{\theta_0^2}{2\mu^2}}, t_3 = t_2$$

$$A = \begin{bmatrix} \theta_0 & \mu & \Delta\phi_0 & v\cdot\theta_0 & \frac{1}{2}\mu v \\ \theta_0 + 2\mu t_1 & -\mu & \Delta\phi_0 - \mu v t_1^2 & v\cdot(\theta_0 + 2\mu t_1) & -\frac{1}{2}\mu v \\ 0 & 0 & 0 & 0 & 0 \end{bmatrix}$$

（3）$\Delta\phi_0$、θ_0 位于⑧和⑤区里面的 S_3 区时：

$$t_1 = \frac{\theta_0 + \theta_{\max}}{\mu}, t_2 = t_1 + \frac{\Delta\phi_0 + v\cdot(\theta_0 t_1 - \frac{1}{2}\mu t_1^2) - \phi_c}{v\cdot\theta_{\max}}, t_3 = t_2 + \frac{\theta_{\max}}{\mu}$$

$$A = \begin{bmatrix} \theta_0 & -\mu & \Delta\phi_0 & v\cdot\theta_0 & -\frac{1}{2}\mu v \\ -\theta_{\max} & 0 & \Delta\phi_0 + v\cdot\left(\theta_0 t_1 - \frac{1}{2}\mu t_1^2\right) + v\cdot\theta_{\max}\cdot t_1 & -v\cdot\theta_{\max} & 0 \\ -\theta_{\max} - \mu t_2 & \mu & \phi_c - v\cdot\left(\frac{1}{2}\mu t_2^2 - (\theta_{\max} + \mu t_2)t_2\right) & -v\cdot(\theta_{\max} + \mu t_2) & \frac{1}{2}\mu v \end{bmatrix}$$

（4）$\Delta\phi_0$、θ_0 位于⑨和⑥区里面的 S_3 区时：

$$t_1 = \frac{-\theta_0 + \theta_{\max}}{\mu}, t_2 = t_1 - \frac{\Delta\phi_0 + v\cdot(\theta_0 t_1 + \frac{1}{2}\mu t_1^2) + \phi_c}{v\cdot\theta_{\max}}, t_3 = t_2 + \frac{\theta_{\max}}{\mu}$$

$$A = \begin{bmatrix} \theta_0 & \mu & \Delta\phi_0 & v\cdot\theta_0 & \frac{1}{2}\mu v \\ \theta_{\max} & 0 & \Delta\phi_0 + v\cdot\left(\theta_0 t_1 + \frac{1}{2}\mu t_1^2\right) - v\cdot\theta_{\max}\cdot t_1 & v\cdot\theta_{\max} & 0 \\ \theta_{\max} + \mu t_2 & -\mu & -\phi_c - v\cdot\left(-\frac{1}{2}\mu t_2^2 + (\theta_{\max} + \mu t_2)t_2\right) & v\cdot(\theta_{\max} + \mu t_2) & -\frac{1}{2}\mu v \end{bmatrix}$$

菲涅耳积分

$$I_{F1} = \int_0^{t_1} \sin(\phi_f + c_1 + d_1 \cdot t + e_1 \cdot t^2)\mathrm{d}t$$

$$I_{F2} = \int_{t_1}^{t_2} \sin(\phi_f + c_2 + d_2 \cdot t + e_2 \cdot t^2)\mathrm{d}t$$

$$I_{F3} = \int_{t_2}^{t_3} \sin(\phi_f + c_3 + d_3 \cdot t + e_3 \cdot t^2)\mathrm{d}t$$

可由 fresnel_simpson 函数进行计算。

恰好距离

$$y_F = -v \cdot \left(I_{F1} + I_{F2} + I_{F3}\right)$$

调用情况：JTP2 调用函数 fresnel_simpson。

程序 JTP2：

```
%JTP2
function [yF,t1,t2,t3,a1,b1,a2,b2,a3,b3]=JTP2(phy0,phyf,theta0,theta_max,mu,v)
dphy0=phy0-phyf;
phyc=v*theta_max^2/(2*mu);

%9 区划分
if dphy0>=0 && dphy0<=phyc && theta0>-sqrt(2*mu/v*dphy0)
    area=1;
elseif dphy0>=-phyc && dphy0<0 && theta0>sqrt(-2*mu/v*dphy0)
    area=2;
elseif dphy0>=-phyc && dphy0<=0 && theta0<sqrt(-2*mu/v*dphy0)
    area=3;
elseif dphy0>0 && dphy0<=phyc && theta0<-sqrt(2*mu/v*dphy0)
    area=4;
elseif dphy0>phyc && dphy0<=v/(2*mu)*(2*theta_max^2-theta0^2)
    area=5.2;
elseif dphy0>v/(2*mu)*(2*theta_max^2-theta0^2)
    area=5.3;
elseif dphy0<-phyc && dphy0>=v/(2*mu)*(-2*theta_max^2+theta0^2)
    area=6.2;
elseif dphy0<v/(2*mu)*(-2*theta_max^2+theta0^2)
    area=6.3;
elseif dphy0==0 && theta0==0
    area=7;
end

%转向时间与曲率、航向系数
if area==1||area==2||area==5.2
    t1=theta0/mu+sqrt(dphy0/(mu*v)+theta0^2/(2*mu^2));
    t2=theta0/mu+2*sqrt(dphy0/(mu*v)+theta0^2/(2*mu^2));
    t3=t2;
    A=[theta0,-mu,dphy0,v*theta0,-mu*v/2;
        theta0-2*mu*t1,mu,dphy0+mu*v*t1^2,v*(theta0-2*mu*t1),mu*v/2;
```

```
            0,0,0,0,0];
elseif area==3||area==4||area==6.2
    t1=-theta0/mu+sqrt(-dphy0/(mu*v)+theta0^2/(2*mu^2));
    t2=-theta0/mu+2*sqrt(-dphy0/(mu*v)+theta0^2/(2*mu^2));
    t3=t2;
    A=[theta0,mu,dphy0,v*theta0,mu*v/2;
        theta0+2*mu*t1,-mu,dphy0-mu*v*t1^2,v*(theta0+2*mu*t1),-mu*v/2;
        0,0,0,0,0];
elseif area==5.3
    t1=(theta0+theta_max)/mu;
    t2=(dphy0+v*(theta0*t1-mu*t1^2/2)-phyc)/(v*theta_max)+t1;
    t3=t2+theta_max/mu;
    A=[theta0,-mu,dphy0,v*theta0,-mu*v/2;
       -theta_max,0,dphy0+v*(theta0*t1-mu*t1^2/2)+v*theta_max*t1,-v*theta_max,0;
       -theta_max-mu*t2,mu,phyc-v*(mu*t2^2/2-(theta_max+mu*t2)*t2),
           -v*(theta_max+mu*t2),mu*v/2];
elseif area==6.3
    t1=(-theta0+theta_max)/mu;
    t2=-(dphy0+v*(theta0*t1+mu*t1^2/2)+phyc)/(v*theta_max)+t1;
    t3=t2+theta_max/mu;
    A=[theta0,mu,dphy0,v*theta0,mu*v/2;
        theta_max,0,dphy0+v*(theta0*t1+mu*t1^2/2)-v*theta_max*t1,v*theta_max,0;
        theta_max+mu*t2,-mu,-phyc-v*(-mu*t2^2/2+(theta_max+mu*t2)*t2),
           v*(theta_max+mu*t2),-mu*v/2];
elseif area==7
    t1=0;t2=0;t3=0;A=[0,0,0,0,0;0,0,0,0,0;0,0,0,0,0];
end
a1=A(1,1);b1=A(1,2);c1=A(1,3);d1=A(1,4);e1=A(1,5);
a2=A(2,1);b2=A(2,2);c2=A(2,3);d2=A(2,4);e2=A(2,5);
a3=A(3,1);b3=A(3,2);c3=A(3,3);d3=A(3,4);e3=A(3,5);

%恰好距离 yF
[I_simpson1]=fresnel_simpson(0,t1,e1,d1,c1+phyf);
[I_simpson2]=fresnel_simpson(t1,t2,e2,d2,c2+phyf);
[I_simpson3]=fresnel_simpson(t2,t3,e3,d3,c3+phyf);
yF=-v*(I_simpson1+I_simpson2+I_simpson3);
end
```

输入：phy0=0;phyf=0;theta0=0.2;theta_max=0.6;mu=0.2;v=5;

运行：[yF,t1,t2,t3,a1,b1,a2,b2,a3,b3]=JTP2(phy0,phyf,theta0,theta_max,mu,v)

得到：

yF =	−3.3400
t1 =	1.7071
t2 =	2.4142
t3 =	2.4142

a1 =	0.2000
b1 =	−0.2000
a2 =	−0.4828
b2 =	0.2000
a3 =	0
b3 =	0

7.1.2 JTP1

我们设计函数 JTP1，JTP1 的输入是：$y_0, \phi_0, \phi_f, \theta_0, \theta_{max}, \mu, v, t_m$，输出是：$t_1, t_2, t_3, [a_i \quad b_i], y(t_m), \phi(t_m), \theta(t_m)$，如图 7-2 所示。

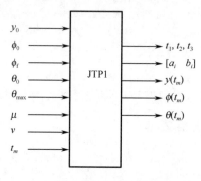

图 7-2 JTP1 函数

JTP1 的设计是为了在 UT_complete 的 c.2 和 d.2 的情形下求解特征时间 T_2。t_m 为二分时间，$y(t_m)$、$\phi(t_m)$、$\theta(t_m)$ 分别为 t_m 时刻车辆 y 坐标、航向和曲率。t_1、t_2、t_3 和系数矩阵 A 参照 JTP2 中的定义。

首先计算 $y(t_1)$、$y(t_2)$

$$y(t_1) = y_0 + v \cdot \int_0^{t_1} \sin(\phi_f + c_1 + d_1 \cdot t + e_1 \cdot t^2) dt$$

$$y(t_2) = y(t_1) + v \cdot \int_{t_1}^{t_2} \sin(\phi_f + c_2 + d_2 \cdot t + e_2 \cdot t^2) dt$$

对于任意 $t_m \in [0, t_3]$ 时的车辆 y 坐标、航向和曲率，我们分为 3 种情况：

（1） $t_m \in [0, t_1]$

$$y(t_m) = y_0 + v \cdot \int_0^{t_m} \sin(\phi_f + c_1 + d_1 \cdot t + e_1 \cdot t^2) dt$$
$$\theta(t_m) = a_1 + b_1 \cdot t_m$$
$$\phi(t_m) = \phi_f + c_1 + d_1 \cdot t_m + e_1 \cdot t_m^2$$

（2） $t_m \in (t_1, t_2]$

$$y(t_m) = y(t_1) + v \cdot \int_{t_1}^{t_m} \sin(\phi_f + c_2 + d_2 \cdot t + e_2 \cdot t^2) \mathrm{d}t$$

$$\theta(t_m) = a_2 + b_2 \cdot t_m$$

$$\phi(t_m) = \phi_f + c_2 + d_2 \cdot t_m + e_2 \cdot t_m^2$$

(3) $t_m \in (t_2, t_3]$

$$y(t_m) = y(t_2) + v \cdot \int_{t_2}^{t_m} \sin(\phi_f + c_3 + d_3 \cdot t + e_3 \cdot t^2) \mathrm{d}t$$

$$\theta(t_m) = a_3 + b_3 \cdot t_m$$

$$\phi(t_m) = \phi_f + c_3 + d_3 \cdot t_m + e_3 \cdot t_m^2$$

调用情况：JTP1 调用函数 fresnel_simpson。

程序 JTP1：

```
%JTP1
function [ytm,phytm,thetatm,t1,t2,t3,a1,b1,a2,b2,a3,b3]=JTP1(y0,phy0,phyf,theta0,theta_max,
    mu,v,tm)
dphy0=phy0-phyf;
phyc=v*theta_max^2/(2*mu);

%9 区划分
if dphy0>=0 && dphy0<=phyc && theta0>-sqrt(2*mu/v*dphy0)
    area=1;
elseif dphy0>=-phyc && dphy0<0 && theta0>sqrt(-2*mu/v*dphy0)
    area=2;
elseif dphy0>=-phyc && dphy0<=0 && theta0<sqrt(-2*mu/v*dphy0)
    area=3;
elseif dphy0>0 && dphy0<=phyc && theta0<-sqrt(2*mu/v*dphy0)
    area=4;
elseif dphy0>phyc && dphy0<=v/(2*mu)*(2*theta_max^2-theta0^2)
    area=5.2;
elseif dphy0>v/(2*mu)*(2*theta_max^2-theta0^2)
    area=5.3;
elseif dphy0<-phyc && dphy0>=v/(2*mu)*(-2*theta_max^2+theta0^2)
    area=6.2;
elseif dphy0<v/(2*mu)*(-2*theta_max^2+theta0^2)
    area=6.3;
elseif dphy0==0 && theta0==0
    area=7;
end

%转向时间、曲率、航向系数
if area==1||area==2||area==5.2
    t1=theta0/mu+sqrt(dphy0/(mu*v)+theta0^2/(2*mu^2));
    t2=theta0/mu+2*sqrt(dphy0/(mu*v)+theta0^2/(2*mu^2));
    t3=t2;
```

```
    A=[theta0,-mu,dphy0,v*theta0,-mu*v/2;
        theta0-2*mu*t1,mu,dphy0+mu*v*t1^2,v*(theta0-2*mu*t1),mu*v/2;
        0,0,0,0,0];
elseif area==3||area==4||area==6.2
    t1=-theta0/mu+sqrt(-dphy0/(mu*v)+theta0^2/(2*mu^2));
    t2=-theta0/mu+2*sqrt(-dphy0/(mu*v)+theta0^2/(2*mu^2));
    t3=t2;
    A=[theta0,mu,dphy0,v*theta0,mu*v/2;
        theta0+2*mu*t1,-mu,dphy0-mu*v*t1^2,v*(theta0+2*mu*t1),-mu*v/2;
        0,0,0,0,0];
elseif area==5.3
    t1=(theta0+theta_max)/mu;
    t2=(dphy0+v*(theta0*t1-mu*t1^2/2)-phyc)/(v*theta_max)+t1;
    t3=t2+theta_max/mu;
    A=[theta0,-mu,dphy0,v*theta0,-mu*v/2;
        -theta_max,0,dphy0+v*(theta0*t1-mu*t1^2/2)+v*theta_max*t1,-v*theta_max,0;
        -theta_max-mu*t2,mu,phyc-v*(mu*t2^2/2-(theta_max+mu*t2)*t2),
           -v*(theta_max+mu*t2),mu*v/2];
elseif area==6.3
    t1=(-theta0+theta_max)/mu;
    t2=-(dphy0+v*(theta0*t1+mu*t1^2/2)+phyc)/(v*theta_max)+t1;
    t3=t2+theta_max/mu;
    A=[theta0,mu,dphy0,v*theta0,mu*v/2;
        theta_max,0,dphy0+v*(theta0*t1+mu*t1^2/2)-v*theta_max*t1,v*theta_max,0;
        theta_max+mu*t2,-mu,-phyc-v*(-mu*t2^2/2+(theta_max+mu*t2)*t2),
           v*(theta_max+mu*t2),-mu*v/2];
elseif area==7
    t1=0;t2=0;t3=0;A=[0,0,0,0,0;0,0,0,0,0;0,0,0,0,0];
end
a1=A(1,1);b1=A(1,2);c1=A(1,3);d1=A(1,4);e1=A(1,5);
a2=A(2,1);b2=A(2,2);c2=A(2,3);d2=A(2,4);e2=A(2,5);
a3=A(3,1);b3=A(3,2);c3=A(3,3);d3=A(3,4);e3=A(3,5);

%计算 yt1,yt2
[I_simpson1]=fresnel_simpson(0,t1,e1,d1,c1+phyf);
yt1=y0+v*I_simpson1;
[I_simpson2]=fresnel_simpson(t1,t2,e2,d2,c2+phyf);
yt2=yt1+v*I_simpson2;

%利用 tm 计算 ytm,phytm,thetatm
if tm>0 && tm<=t1
    [I_simpson3]=fresnel_simpson(0,tm,e1,d1,c1+phyf);
    ytm=y0+v*I_simpson3;
    phytm=c1+d1*tm+e1*tm^2+phyf;
    thetatm=a1+b1*tm;
elseif tm>t1 && tm<=t2
    [I_simpson4]=fresnel_simpson(t1,tm,e2,d2,c2+phyf);
```

```
            ytm=yt1+v*I_simpson4;
            phytm=c2+d2*tm+e2*tm^2+phyf;
            thetatm=a2+b2*tm;
        elseif tm>t2 && tm<=t3
            [I_simpson5]=fresnel_simpson(t2,tm,e3,d3,c3+phyf);
            ytm=yt2+v*I_simpson5;
            phytm=c3+d3*tm+e3*tm^2+phyf;
            thetatm=a3+b3*tm;
        end
    end
```

7.1.3 Find_T2

现在，我们讨论求解特征时间 T_2 的程序 Find_T2，这里用到 JTP1 与 JTP2 的嵌套。Find_T2 的核心架构如图 7-3 所示，读者可以按照二分法的思想将架构细节补全，或者直接阅读我们下面给出的 Find_T2 代码。

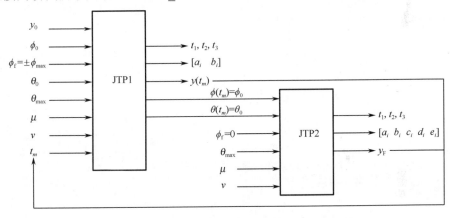

图 7-3 Find_T2 的核心架构

调用情况：Find_T2 调用函数 JTP1、JTP2、fresnel_simpson。

程序 Find_T2：

```
close all,clear all,clc
%输入
y0=0.2;phy0=0*pi/180;phy_max=10*pi/180;theta0=0*pi/180;theta_max=10*pi/180;mu=0.05;v=2;
phyf=-phy_max;
[yF,t1,t2,t3,a1,b1,a2,b2,a3,b3]=JTP2(phy0,phyf,theta0,theta_max,mu,v);%计算到-phy_max 的最佳转弯
T1=t3%特征时间 T1

%计算到-phy_max 的最佳转弯过程（0-T1 过程）中，任意 tm 时刻，车辆 y 坐标、恰好距离 yF
```

```
i=1;
for tm=0.01:0.01:T1
    y0=0.2;phy0=0*pi/180;phy_max=10*pi/180;theta0=0*pi/180;theta_max=10*pi/180;mu=0.05;
        v=2;phyf=-phy_max;
    [ytm,phytm,thetatm,t1,t2,t3,a1,b1,a2,b2,a3,b3]=JTP1(y0,phy0,phyf,theta0,theta_max,mu,v,tm);
    %将 JTP1 输出嵌套到 JTP2 输入
    phy0=phytm;phyf=0;theta0=thetatm;
    [yF,t1,t2,t3,a1,b1,a2,b2,a3,b3]=JTP2(phy0,phyf,theta0,theta_max,mu,v);%此处 JTP2 计算到 phyf=0 的最佳转弯
    yFtm=yF;
    Y(i,:)=[tm,ytm,yF];
    i=i+1;
end
plot(Y(:,1),Y(:,2),'r-',Y(:,1),Y(:,3),'g-','linewidth',3)
xlabel('t'),ylabel('y'),legend('车辆 y 坐标','恰好距离 yF')
grid on,hold on

%用二分法求特征时间 T2
ta=0;tb=T1;%初始区间
Epsilon_T2=0.01;%求解 T2 的允许误差
for i=1:100%一般 10 次内给出 T2
    y0=0.2;phy0=0*pi/180;phy_max=10*pi/180;theta0=0*pi/180;theta_max=10*pi/180;mu=0.05;
        v=2;phyf=-phy_max;
    tm=(ta+tb)/2;
    %计算 tm 时刻的车辆 y 坐标、恰好距离 yF
    [ytm,phytm,thetatm,t1,t2,t3,a1,b1,a2,b2,a3,b3]=JTP1(y0,phy0,phyf,theta0,theta_max,mu,v,tm);
    ytm;
    %将 JTP1 输出嵌套到 JTP2 输入
    phy0=phytm;phyf=0;theta0=thetatm;
    [yF,t1,t2,t3,a1,b1,a2,b2,a3,b3]=JTP2(phy0,phyf,theta0,theta_max,mu,v);%此处 JTP2 计算到 phyf=0 的最佳转弯
    yFtm=yF;
    if ytm>yFtm
        if (tb-tm)/2<=Epsilon_T2
            T2=(tm+tb)/2;
            break;
        else
            ta=tm;tb=tb;
        end
    elseif ytm<yFtm
        if (tm-ta)/2<=Epsilon_T2
            T2=(tm+ta)/2;
            break;
        else
            ta=ta;tb=tm;
        end
    elseif ytm==yFtm
```

```
        T2=tm;
        break;
    end
end
T2,i,Epsilon_T2
plot([T2 T2],[-0.4 1],'k-','linewidth',2)
```

运行程序得到：

```
T1 =        2.6422
T2 =        0.7896
i =         8
Epsilon_T2 =        0.0100
```

T2 计算示意图如图 7-4 所示。

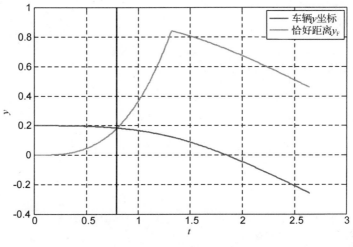

图 7-4 T2 计算示意图

7.2　UT_complete

UT_complete 按照 6.4 节 $u(t)$-complete 问题求解过程编写，分为 a、b、c、d 四种情况，计算各种限制条件和初始状态下，车辆的曲率操作函数 theta(t)。

调用情况：UT_complete 调用函数 JTP1、JTP2、fresnel_simpson。

程序 UT_complete：

```
%UT_complete：计算各种限制条件和初始状态下，车辆的曲率操作函数 theta(t)，可转换成车轮角度函数 alpha(t)
close,clear,clc
```

```
%读入 data_ini=[X0,Y0,PHY0,THETA0,v,dt,Epsilon_T2,L,W_f,phy_max,theta_max,mu,W_r,
    r_f,r_r];
data_ini=xlsread('C:\Users\Administrator\Documents\MATLAB\initial_data.xlsx','Sheet1','B1:B12');
X0=data_ini(1);
Y0=data_ini(2);
PHY0=data_ini(3);
THETA0=data_ini(4);
v=data_ini(5);
dt=data_ini(6);
Epsilon_T2=data_ini(7);
L=data_ini(8);
W_f=data_ini(9);
phy_max=data_ini(10);
theta_max=data_ini(11);
mu=data_ini(12);


%T0=0 时刻的车辆 y 坐标
y0=Y0

%T0=0 时刻的恰好距离 yF_T0
phy0=PHY0;theta0=THETA0;phyf=0;
[yF,t1,t2,t3,a1,b1,a2,b2,a3,b3]=JTP2(phy0,phyf,theta0,theta_max,mu,v);
yF_T0=yF

%4 种情况 abcd,输出：theta_t_all：将车辆从任意初始状态导向 x 轴，每隔 dt 间隔，规划的车辆曲率
    %1.情形 a
    if Y0==yF_T0
        %计算到 x 轴上的最佳转弯
        phy0=PHY0;theta0=THETA0;phyf=0;
        [yF,t1,t2,t3,a1,b1,a2,b2,a3,b3]=JTP2(phy0,phyf,theta0,theta_max,mu,v);
        i=1;
        for t=0:dt:t3
            if t<=t1
                theta_t_1(i)=a1+b1*t;
            elseif t>t1 && t<=t2
                theta_t_1(i)=a2+b2*t;
            elseif t>t2 && t<=t3
                theta_t_1(i)=a3+b3*t;
            end
            i=i+1;
        end
        theta_t_all=[theta_t_1];
```

```
end

%2.情形 b1
if Y0>yF_T0 && yF_T0>0 && PHY0==-phy_max && THETA0==0
    T3=abs(Y0-yF_T0)/(v*sin(phy_max));
    %朝-phy_max 方向直线行驶 T3 时间
    i=1;
    for t=0:dt:T3
        theta_t_1(i)=0;
        i=i+1;
    end
    
    %计算到 x 轴上的最佳转弯
    phy0=-phy_max;phyf=0;theta0=0;
    [yF,t1,t2,t3,a1,b1,a2,b2,a3,b3]=JTP2(phy0,phyf,theta0,theta_max,mu,v);
    i=1;
    for t=0:dt:t3
        if t<=t1
            theta_t_2(i)=a1+b1*t;
        elseif t>t1 && t<=t2
            theta_t_2(i)=a2+b2*t;
        elseif t>t2 && t<=t3
            theta_t_2(i)=a3+b3*t;
        end
        i=i+1;
    end
    theta_t_all=[theta_t_1,theta_t_2];
end

%3.情形 b2
if Y0<yF_T0 && yF_T0<0 && PHY0==phy_max && THETA0==0
    T3=abs(Y0-yF_T0)/(v*sin(phy_max));
    %朝+phy_max 方向直线行驶 T3 时间
    i=1;
    for t=0:dt:T3
        theta_t_1(i)=0;
        i=i+1;
    end
    
    %计算到 x 轴上的最佳转弯
    phy0=phy_max;phyf=0;theta0=0;
    [yF,t1,t2,t3,a1,b1,a2,b2,a3,b3]=JTP2(phy0,phyf,theta0,theta_max,mu,v);
    i=1;
    for t=0:dt:t3
        if t<=t1
            theta_t_2(i)=a1+b1*t;
```

```
        elseif t>t1 && t<=t2
            theta_t_2(i)=a2+b2*t;
        elseif t>t2 && t<=t3
            theta_t_2(i)=a3+b3*t;
        end
        i=i+1;
    end
    theta_t_all=[theta_t_1,theta_t_2];
end


%4.情形 c
if Y0>yF_T0%先计算到-phy_max 的最佳转弯，特征时间 T1
    phy0=PHY0;phyf=-phy_max;theta0=THETA0;
    [yF,t1,t2,t3,a1,b1,a2,b2,a3,b3]=JTP2(phy0,phyf,theta0,theta_max,mu,v);
    T1=t3;

    %计算 yT1,yF_T1
    y0=Y0;phy0=PHY0;theta0=THETA0;phyf=-phy_max;tm=T1;
    [ytm,phytm,thetatm,t1,t2,t3,a1,b1,a2,b2,a3,b3]=JTP1(y0,phy0,phyf,theta0,theta_max,mu,v,tm);
    yT1=ytm;
    phy0=phytm;phyf=0;theta0=thetatm;
    [yF,t1,t2,t3,a1,b1,a2,b2,a3,b3]=JTP2(phy0,phyf,theta0,theta_max,mu,v);
    yF_T1=yF;

    %情形 c.2
    if yT1<yF_T1

        %二分法求 T2
        T0=0;T1;Epsilon_T2;
        ta=T0;tb=T1;
        for i=1:100
            tm=(ta+tb)/2;
            y0=Y0;phy0=PHY0;theta0=THETA0;phyf=-phy_max;
            [ytm,phytm,thetatm,t1,t2,t3,a1,b1,a2,b2,a3,b3]=JTP1(y0,phy0,phyf,theta0,theta_max,
                mu,v,tm);
            phy_T2=phytm;theta_T2=thetatm;

            ytm;
            phy0=phytm;phyf=0;theta0=thetatm;
            [yF,t1,t2,t3,a1,b1,a2,b2,a3,b3]=JTP2(phy0,phyf,theta0,theta_max,mu,v);
            yFtm=yF;

            if ytm>yFtm
                if (tb-tm)/2<=Epsilon_T2
                    T2=(tm+tb)/2;
```

```
                        break;
                    else
                        ta=tm;tb=tb;
                    end
                elseif ytm<yFtm
                    if (tm-ta)/2<=Epsilon_T2
                        T2=(tm+ta)/2;
                        break;
                    else
                        ta=ta;tb=tm;
                    end
                elseif ytm==yFtm
                    T2=tm;
                    break;
                end
end
T2%特征时间 T2

%计算到 T2 时刻的 theta_t_1
phy0=PHY0;theta0=THETA0;phyf=-phy_max;
[yF,t1,t2,t3,a1,b1,a2,b2,a3,b3]=JTP2(phy0,phyf,theta0,theta_max,mu,v);
t1;t2;t3;
i=1;
for t=0:dt:T2
    if t<=t1
        theta_t_1(i)=a1+b1*t;
    elseif t>t1 && t<=t2
        theta_t_1(i)=a2+b2*t;
    elseif t>t2 && t<=t3
        theta_t_1(i)=a3+b3*t;
    end
    i=i+1;
end

%计算到 x 轴上的最佳转弯
phy0=phy_T2;theta0=theta_T2;phyf=0;
[yF,t1,t2,t3,a1,b1,a2,b2,a3,b3]=JTP2(phy0,phyf,theta0,theta_max,mu,v);
t1;t2;t3;
i=1;
for t=0:dt:t3
    if t<=t1
        theta_t_2(i)=a1+b1*t;
    elseif t>t1 && t<=t2
        theta_t_2(i)=a2+b2*t;
    elseif t>t2 && t<=t3
        theta_t_2(i)=a3+b3*t;
```

```
            end
            i=i+1;
      end
      theta_t_all=[theta_t_1,theta_t_2];

      %情形 c.1
elseif yT1==yF_T1
      T2=T1;%直接令 T2 等于 T1

      phy0=PHY0;theta0=THETA0;phyf=-phy_max;
      [yF,t1,t2,t3,a1,b1,a2,b2,a3,b3]=JTP2(phy0,phyf,theta0,theta_max,mu,v);
      t1;t2;t3;
      i=1;
      for t=0:dt:T2
            if t<=t1
                  theta_t_1(i)=a1+b1*t;
            elseif t>t1 && t<=t2
                  theta_t_1(i)=a2+b2*t;
            elseif t>t2 && t<=t3
                  theta_t_1(i)=a3+b3*t;
            end
            i=i+1;
      end

      %计算到 x 轴上的最佳转弯
      phy0=-phy_max;theta0=0;phyf=0;
      [yF,t1,t2,t3,a1,b1,a2,b2,a3,b3]=JTP2(phy0,phyf,theta0,theta_max,mu,v);
      t1;t2;t3;
      i=1;
      for t=0:dt:t3
            if t<=t1
                  theta_t_2(i)=a1+b1*t;
            elseif t>t1 && t<=t2
                  theta_t_2(i)=a2+b2*t;
            elseif t>t2 && t<=t3
                  theta_t_2(i)=a3+b3*t;
            end
            i=i+1;
      end
      theta_t_all=[theta_t_1,theta_t_2];

      %情形 c.3
elseif yT1>yF_T1
      %到-phy_max 的最佳转弯，theta_t_1
      phy0=PHY0;theta0=THETA0;phyf=-phy_max;
      [yF,t1,t2,t3,a1,b1,a2,b2,a3,b3]=JTP2(phy0,phyf,theta0,theta_max,mu,v);
```

```
            t1;t2;t3;
            i=1;
            for t=0:dt:T1
                if t<=t1
                    theta_t_1(i)=a1+b1*t;
                elseif t>t1 && t<=t2
                    theta_t_1(i)=a2+b2*t;
                elseif t>t2 && t<=t3
                    theta_t_1(i)=a3+b3*t;
                end
                i=i+1;
            end

            %-phy_max 直线，theta_t_2
            T3=abs(yT1-yF_T1)/(v*sin(phy_max));
            i=1;
            for t=0:dt:T3
                theta_t_2(i)=0;
                i=i+1;
            end

            %计算到 x 轴上的最佳转弯，theta_t_3
            phy0=-phy_max;theta0=0;phyf=0;
            [yF,t1,t2,t3,a1,b1,a2,b2,a3,b3]=JTP2(phy0,phyf,theta0,theta_max,mu,v);
            t1;t2;t3;
            i=1;
            for t=0:dt:t3
                if t<=t1
                    theta_t_3(i)=a1+b1*t;
                elseif t>t1 && t<=t2
                    theta_t_3(i)=a2+b2*t;
                elseif t>t2 && t<=t3
                    theta_t_3(i)=a3+b3*t;
                end
                i=i+1;
            end
            theta_t_all=[theta_t_1,theta_t_2,theta_t_3];
        end
end


%5.情形 d
if Y0<yF_T0%先计算到+phy_max 的最佳转弯，特征时间 T1
    phy0=PHY0;phyf=phy_max;theta0=THETA0;
    [yF,t1,t2,t3,a1,b1,a2,b2,a3,b3]=JTP2(phy0,phyf,theta0,theta_max,mu,v);
    T1=t3;
```

```
%计算 yT1,yF_T1
y0=Y0;phy0=PHY0;theta0=THETA0;phyf=phy_max;tm=T1;
[ytm,phytm,thetatm,t1,t2,t3,a1,b1,a2,b2,a3,b3]=JTP1(y0,phy0,phyf,theta0,theta_max,mu,v,tm);
yT1=ytm;
phy0=phytm;phyf=0;theta0=thetatm;
[yF,t1,t2,t3,a1,b1,a2,b2,a3,b3]=JTP2(phy0,phyf,theta0,theta_max,mu,v);
yF_T1=yF;

%情形 d.2
if yT1>yF_T1

    %二分法求 T2
    T0=0;T1;Epsilon_T2;
    ta=T0;tb=T1;
    for i=1:100
        tm=(ta+tb)/2;
        y0=Y0;phy0=PHY0;theta0=THETA0;phyf=phy_max;
        [ytm,phytm,thetatm,t1,t2,t3,a1,b1,a2,b2,a3,b3]=JTP1(y0,phy0,phyf,theta0,theta_max,
            mu,v,tm);
        phy_T2=phytm;theta_T2=thetatm;

        ytm;
        phy0=phytm;phyf=0;theta0=thetatm;
        [yF,t1,t2,t3,a1,b1,a2,b2,a3,b3]=JTP2(phy0,phyf,theta0,theta_max,mu,v);
        yFtm=yF;

        if ytm>yFtm
            if (tm-ta)/2<=Epsilon_T2
                T2=(tm+ta)/2;
                break;
            else
                ta=ta;tb=tm;
            end
        elseif ytm<yFtm
            if (tb-tm)/2<=Epsilon_T2
                T2=(tm+tb)/2;
                break;
            else
                ta=tm;tb=tb;
            end
        elseif ytm==yFtm
            T2=tm;
            break;
        end
    end
```

第 7 章　u(t)-complete 算法实现

```
        T2%特征时间 T2

        %计算到 T2 时刻的 theta_t_1
        phy0=PHY0;theta0=THETA0;phyf=phy_max;
        [yF,t1,t2,t3,a1,b1,a2,b2,a3,b3]=JTP2(phy0,phyf,theta0,theta_max,mu,v);
        t1;t2;t3;
        i=1;
        for t=0:dt:T2
            if t<=t1
                theta_t_1(i)=a1+b1*t;
            elseif t>t1 && t<=t2
                theta_t_1(i)=a2+b2*t;
            elseif t>t2 && t<=t3
                theta_t_1(i)=a3+b3*t;
            end
            i=i+1;
        end

        %计算到 x 轴上的最佳转弯
        phy0=phy_T2;theta0=theta_T2;phyf=0;
        [yF,t1,t2,t3,a1,b1,a2,b2,a3,b3]=JTP2(phy0,phyf,theta0,theta_max,mu,v);
        t1;t2;t3;
        i=1;
        for t=0:dt:t3
            if t<=t1
                theta_t_2(i)=a1+b1*t;
            elseif t>t1 && t<=t2
                theta_t_2(i)=a2+b2*t;
            elseif t>t2 && t<=t3
                theta_t_2(i)=a3+b3*t;
            end
            i=i+1;
        end
        theta_t_all=[theta_t_1,theta_t_2];

        %情形 d.1
  elseif yT1==yF_T1
        T2=T1;%直接令 T2 等于 T1

        phy0=PHY0;theta0=THETA0;phyf=phy_max;
        [yF,t1,t2,t3,a1,b1,a2,b2,a3,b3]=JTP2(phy0,phyf,theta0,theta_max,mu,v);
        t1;t2;t3;
        i=1;
        for t=0:dt:T2
            if t<=t1
                theta_t_1(i)=a1+b1*t;
```

```
        elseif t>t1 && t<=t2
            theta_t_1(i)=a2+b2*t;
        elseif t>t2 && t<=t3
            theta_t_1(i)=a3+b3*t;
        end
        i=i+1;
    end

    %计算到 x 轴上的最佳转弯
    phy0=phy_max;theta0=0;phyf=0;
    [yF,t1,t2,t3,a1,b1,a2,b2,a3,b3]=JTP2(phy0,phyf,theta0,theta_max,mu,v);
    t1;t2;t3;
    i=1;
    for t=0:dt:t3
        if t<=t1
            theta_t_2(i)=a1+b1*t;
        elseif t>t1 && t<=t2
            theta_t_2(i)=a2+b2*t;
        elseif t>t2 && t<=t3
            theta_t_2(i)=a3+b3*t;
        end
        i=i+1;
    end
    theta_t_all=[theta_t_1,theta_t_2];

    %情形 d.3
elseif yT1<yF_T1%case_e2
    %到 phy_max 的最佳转弯，theta_t_1
    phy0=PHY0;theta0=THETA0;phyf=phy_max;
    [yF,t1,t2,t3,a1,b1,a2,b2,a3,b3]=JTP2(phy0,phyf,theta0,theta_max,mu,v);
    t1;t2;t3;
    i=1;
    for t=0:dt:T1
        if t<=t1
            theta_t_1(i)=a1+b1*t;
        elseif t>t1 && t<=t2
            theta_t_1(i)=a2+b2*t;
        elseif t>t2 && t<=t3
            theta_t_1(i)=a3+b3*t;
        end
        i=i+1;
    end

    %phy_max 直线，theta_t_2
    T3=abs(yT1-yF_T1)/(v*sin(phy_max));
    i=1;
```

```
            for t=0:dt:T3
                theta_t_2(i)=0;
                i=i+1;
            end

            %计算到 x 轴上的最佳转弯，theta_t_3
            phy0=phy_max;theta0=0;phyf=0;
            [yF,t1,t2,t3,a1,b1,a2,b2,a3,b3]=JTP2(phy0,phyf,theta0,theta_max,mu,v);
            t1;t2;t3;
            i=1;
            for t=0:dt:t3
                if t<=t1
                    theta_t_3(i)=a1+b1*t;
                elseif t>t1 && t<=t2
                    theta_t_3(i)=a2+b2*t;
                elseif t>t2 && t<=t3
                    theta_t_3(i)=a3+b3*t;
                end
                i=i+1;
            end
            theta_t_all=[theta_t_1,theta_t_2,theta_t_3];
        end
    end
theta_t_all=theta_t_all';
T=numel(theta_t_all)*dt
plot(dt:dt:T,theta_t_all,'r-','linewidth',3),grid on
xlabel('t/s'),ylabel('theta/rad'),legend('曲率操作函数 theta(t)')

%将曲率换算成车轮角度
for i=1:numel(theta_t_all)
    ALPHA_L(i)=acot(1/(theta_t_all(i)*L)-W_f/(2*L));
    ALPHA_R(i)=acot(1/(theta_t_all(i)*L)+W_f/(2*L));
end
figure
plot(dt:dt:T,ALPHA_L*180/pi,'b-',dt:dt:T,ALPHA_R*180/pi,'g-','linewidth',3)
grid on,xlabel('t/s'),ylabel('alpha/°'),legend('ALPHA_L(t)','ALPHA_R(t)')


%写入 excel
xlswrite('C:\Users\Administrator\Documents\MATLAB\ALPHA_L.xlsx',ALPHA_L)
xlswrite('C:\Users\Administrator\Documents\MATLAB\ALPHA_R.xlsx',ALPHA_R)
```

UT_complete 读取 initial_data.xlsx，initial_data 数据如表 7-1 所示。

表 7-1 initial_data 数据

X0	0.000000
Y0	3.000000
PHY0	0.100000
THETA0	0.000000
v	2.000000
dt	0.010000
Epsilon_T2	0.010000
L	2.300000
W_f	1.700000
phy_max	0.500000
theta_max	0.123413
mu	0.040000
W_r	1.700000
r_f	0.600000
r_r	0.800000

运行 UT_complete 得到曲率操作函数 theta(t)，如图 7-5 所示，ALPHA_L(t)与 ALPHA_R(t)，如图 7-6 所示。

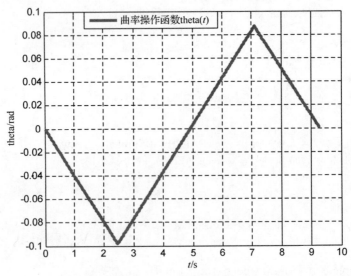

图 7-5 曲率操作函数 theta(t)

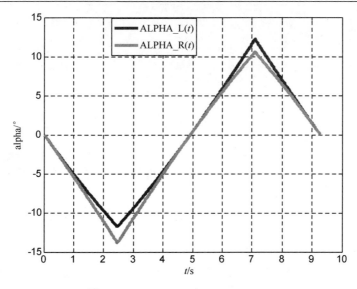

图 7-6　ALPHA_L(t)与 ALPHA_R(t)

ALPHA_L(t)曲线与 ALPHA_R(t)曲线的差异体现出 Ackermann 模型的非线性特点。

7.3　车辆运动微元模型仿真 UT_simu

我们将 UT_complete 计算出的 ALPHA_L(t)与 ALPHA_R(t)作为已知条件代入到 5.3 节的车辆运动微元模型上验证 UT_complete 算法的效果，具体分为两个步骤：

（1）在同一文件路径下，初始设置 initial_data.xlsx 中的各项参数，运行 UT_complete，生成 ALPHA_L.xlsx 和 ALPHA_R.xlsx（注意，每次仿真试验必须移除之前的 ALPHA_L.xlsx 和 ALPHA_R.xlsx）；

（2）运行 UT_simu。

程序 UT_simu：

```
close all,clear all,clc
%读入 data_ini=[X0,Y0,PHY0,THETA0,v,dt,Epsilon_T2,L,W_f,phy_max,theta_max,mu,W_r,
    r_f,r_r];
data_ini=xlsread('C:\Users\Administrator\Documents\MATLAB\initial_data.xlsx','Sheet1','B1:B16');
x0=data_ini(1);
y0=data_ini(2);
phy=data_ini(3);
v=data_ini(5);
```

```
dt=data_ini(6);
L=data_ini(8);
W_f=data_ini(9);
W_r=data_ini(13);
r_f=data_ini(14);
r_r=data_ini(15);

%读入 ALPHA_L、ALPHA_R
ALPHA_L=xlsread('C:\Users\Administrator\Documents\MATLAB\ALPHA_L.xlsx');
ALPHA_R=xlsread('C:\Users\Administrator\Documents\MATLAB\ALPHA_R.xlsx');

fb=1;
aviobj=avifile('UT-complete.avi','fps',24);box on;
for i=1:numel(ALPHA_L)
    BM(i,:)=[x0,y0];
    AM(i,:)=BM(i,:)+[L*cos(phy),L*sin(phy)];

    phy_curve(i,:)=[x0,phy*180/pi];
    if ALPHA_L(i)~=0
        alpha_L=ALPHA_L(i);
    else
        alpha_L=10^(-8);
    end
        if ALPHA_R(i)~=0
        alpha_R=ALPHA_R(i);
    else
        alpha_R=10^(-8);
    end

    %车辆几何
    AL(i,:)=AM(i,:)+[-W_f/2*sin(phy),W_f/2*cos(phy)];
    AR(i,:)=AM(i,:)-[-W_f/2*sin(phy),W_f/2*cos(phy)];
    BL(i,:)=BM(i,:)+[-W_r/2*sin(phy),W_r/2*cos(phy)];
    BR(i,:)=BM(i,:)-[-W_r/2*sin(phy),W_r/2*cos(phy)];
    CL(i,:)=AL(i,:)+[r_f*cos(alpha_L+phy),r_f*sin(alpha_L+phy)];
    EL(i,:)=AL(i,:)-[r_f*cos(alpha_L+phy),r_f*sin(alpha_L+phy)];
    CR(i,:)=AR(i,:)+[r_f*cos(alpha_R+phy),r_f*sin(alpha_R+phy)];
    ER(i,:)=AR(i,:)-[r_f*cos(alpha_R+phy),r_f*sin(alpha_R+phy)];
    DL(i,:)=BL(i,:)+[r_r*cos(phy),r_r*sin(phy)];
    FL(i,:)=BL(i,:)-[r_r*cos(phy),r_r*sin(phy)];
    DR(i,:)=BR(i,:)+[r_r*cos(phy),r_r*sin(phy)];
    FR(i,:)=BR(i,:)-[r_r*cos(phy),r_r*sin(phy)];

    %瞬心 P
    xp=(cot(alpha_L+phy)*AL(i,1)+AL(i,2)-cot(phy)*x0-y0)/(cot(alpha_L+phy)-cot(phy));
    yp=-cot(phy)*(xp-x0)+y0;
    P(i,:)=[xp,yp];
```

```
omega_p=v/sqrt((BM(i,1)-P(i,1))^2+(BM(i,2)-P(i,2))^2);

%更新 AM
vec_PAM=AM(i,:)-P(i,:);
if alpha_L>0
    vec_AM=-fb*[vec_PAM(2)/sqrt(vec_PAM(1)^2+vec_PAM(2)^2),-vec_PAM(1)/
        sqrt(vec_PAM(1)^2+vec_PAM(2)^2)];
elseif alpha_L<0
    vec_AM=fb*[vec_PAM(2)/sqrt(vec_PAM(1)^2+vec_PAM(2)^2),-vec_PAM(1)/
        sqrt(vec_PAM(1)^2+vec_PAM(2)^2)];
end
delta_AM=omega_p*sqrt((AM(i,1)-P(i,1))^2+(AM(i,2)-P(i,2))^2)*dt*vec_AM;
AM(i+1,:)=AM(i,:)+delta_AM;

%更新 BM
vec_PBM=BM(i,:)-P(i,:);
if alpha_L>0
    vec_BM=-fb*[vec_PBM(2)/sqrt(vec_PBM(1)^2+vec_PBM(2)^2),-vec_PBM(1)/
        sqrt(vec_PBM(1)^2+vec_PBM(2)^2)];
elseif alpha_L<0
    vec_BM=fb*[vec_PBM(2)/sqrt(vec_PBM(1)^2+vec_PBM(2)^2),-vec_PBM(1)/
        sqrt(vec_PBM(1)^2+vec_PBM(2)^2)];
end
delta_BM=omega_p*sqrt((BM(i,1)-P(i,1))^2+(BM(i,2)-P(i,2))^2)*dt*vec_BM;
BM(i+1,:)=BM(i,:)+delta_BM;
x0=BM(i+1,1);y0=BM(i+1,2);

%更新 phy
phy=atan((AM(i+1,2)-BM(i+1,2))/(AM(i+1,1)-BM(i+1,1)));

set(gcf,'Position',[200,0,700,650]),hold on,axis equal,grid on
axis([-5 35 -15 15])
plot([-50 50],[0 0],'y-','linewidth',3)

plot([AM(i,1),BM(i,1)],[AM(i,2),BM(i,2)],'k-','linewidth',5)
plot([AL(i,1),AR(i,1)],[AL(i,2),AR(i,2)],'k-','linewidth',5)
plot([BL(i,1),BR(i,1)],[BL(i,2),BR(i,2)],'k-','linewidth',5)
plot([FL(i,1),DL(i,1)],[FL(i,2),DL(i,2)],'k-','linewidth',5)
plot([FR(i,1),DR(i,1)],[FR(i,2),DR(i,2)],'k-','linewidth',5)
plot([EL(i,1),CL(i,1)],[EL(i,2),CL(i,2)],'g-','linewidth',5)
plot([ER(i,1),CR(i,1)],[ER(i,2),CR(i,2)],'g-','linewidth',5)
plot(BM(:,1),BM(:,2),'r.','linewidth',3)
plot(P(:,1),P(:,2),'m-o','linewidth',1)

F=getframe(gcf);
aviobj=addframe(aviobj,F);
clf;
```

```
        i=i+1;
end
aviobj=close(aviobj);%动画,每一帧为 dt 时间内计算出的车辆位置图

hold on,axis equal
axis([-5 35 -15 15])
plot([-50 50],[0 0],'y-','linewidth',3)
for i=[1 floor(0.3*numel(ALPHA_L)) floor(0.7*numel(ALPHA_L)) numel(ALPHA_L)]
    plot([AM(i,1),BM(i,1)],[AM(i,2),BM(i,2)],'k-','linewidth',5)
    plot([AL(i,1),AR(i,1)],[AL(i,2),AR(i,2)],'k-','linewidth',5)
    plot([BL(i,1),BR(i,1)],[BL(i,2),BR(i,2)],'k-','linewidth',5)
    plot([FL(i,1),DL(i,1)],[FL(i,2),DL(i,2)],'k-','linewidth',5)
    plot([FR(i,1),DR(i,1)],[FR(i,2),DR(i,2)],'k-','linewidth',5)
    plot([EL(i,1),CL(i,1)],[EL(i,2),CL(i,2)],'g-','linewidth',5)
    plot([ER(i,1),CR(i,1)],[ER(i,2),CR(i,2)],'g-','linewidth',5)
end
plot(BM(:,1),BM(:,2),'r.','linewidth',3)
plot(phy_curve(:,1),phy_curve(:,2),'g-','linewidth',3)
xlabel('x'),ylabel('y')
```

得到 UT_complete 算法运算结果如图 7-7 所示。这对应了情形 c.2 的仿真场景。

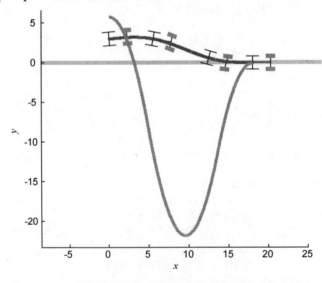

图 7-7　UT_complete 算法运算结果

修改 initial_data.xlsx 中的参数,可以获得其他情形下的仿真场景,另一个 initial_data 示例如表 7-2 所示。

表 7-2 initial_data 示例

X0	0.000000
Y0	3.000000
PHY0	0.100000
THETA0	0.000000
v	2.000000
dt	0.010000
Epsilon_T2	0.010000
L	2.300000
W_f	1.700000
phy_max	0.201358
theta_max	0.123413
mu	0.026829
W_r	1.700000
r_f	0.600000
r_r	0.800000

运行 UT_complete，得到曲率操作函数 theta(t)，如图 7-8 所示，ALPHA_L(t)与 ALPHA_R(t)，如图 7-9 所示。

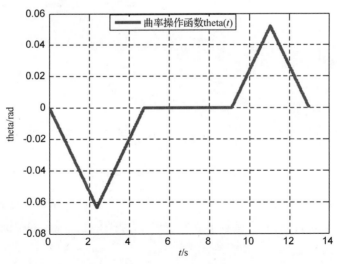

图 7-8 曲率操作函数 theta(t)

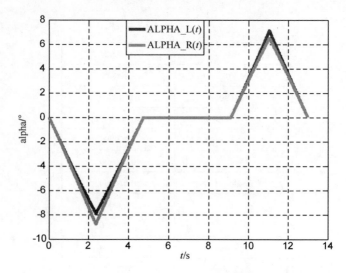

图 7-9 ALPHA_L(t)与 ALPHA_R(t)

再运行 UT_simu，得到 UT_complete 算法运算结果如图 7-10 所示。

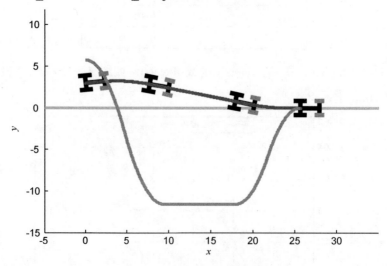

图 7-10 UT_complete 算法运算结果

这是情形 c.3 的仿真场景。与情形 c.2 相比，改小了 phy_max、mu 两个限制参数，航向限制角 phy_max 减小意味着车辆只能更平缓地接近直线，曲率变化率减小意味着转向变慢。

7.4 人工上线转向行为研究

本节设计实验研究 UT_complete 算法的拟人程度。

我们设计实验，在水平路面上设置一道中心线，初始时，车辆偏离中心线几米距离，车速恒定，人工驾驶车辆上中心线，并记录过程中的天线 G_1 坐标 (X_{G_1}, Y_{G_1})、双天线 G_1G_2 的航向角 β_{12}，以及安装在右侧车轮的角度传感器的读数 α_r。如上实验共进行了 8 组，得到 8 组数据，记为 sb_data_01～sb_data_08。

以 sb_data_08 为例，我们以 Excel 表格记录数据点。数据格式：X_{G_1}、Y_{G_1}、β_{12}、$10\alpha_r$、α_r，单位分别为 m、m、°、°、°，sb_data_08 数据示例如表 7-3 所示。

表 7-3 sb_data_08 数据示例

-524.837	-2584.342	260.57	-27	-2.7
-524.842	-2584.31	260.55	-27	-2.7
-524.849	-2584.268	260.67	-27	-2.7
-524.856	-2584.221	260.93	-28	-2.8
-524.864	-2584.167	261.16	-28	-2.8
-524.872	-2584.101	261.1	-27	-2.7
-524.878	-2584.031	261.26	-25	-2.5
-524.885	-2583.952	261.21	-14	-1.4
-524.897	-2583.865	261.3 5	-6	-0.6
-524.91	-2583.768	261.4	3	0.3

这样的数据点共计 199 个，历时 19.9s。我们编写如下的 M 文件，用于绘制人工驾驶的轨迹 $x(t)$、$y(t)$ 图，车辆曲率时间 $\theta(t)$ 图，速度 $v(t)$ 图，并得到上线起始点数据。

steering_behavior_study.m

```
clear all,close all,clc
DT=0.1;%RTK 定位周期 0.1s
DATA=xlsread('C:\Users\Administrator\Documents\MATLAB\sb_data\sb_data_08.xlsx','Sheet1');
XG1=DATA(:,1);YG1=DATA(:,2);beta12=DATA(:,3)*pi/180;alpha_R=DATA(:,5)*pi/180;
plot(XG1,YG1,'g-','linewidth',1),hold on,axis equal
```

```
%计算后轮轴中点P
a=0.52;b=1.1;
XP=XG1+a*sin(beta12)-b*cos(beta12);
YP=YG1+a*cos(beta12)+b*sin(beta12);
plot(XP,YP,'r-','linewidth',3)
xlabel('x/m'),ylabel('y/m'),title('人工驾驶轨迹')

%计算d, beta
nn=0.6;
XP_line=XP(nn*numel(XP):numel(XP));
YP_line=YP(nn*numel(YP):numel(YP));
plot([XP_line(1),XP_line(numel(XP_line))],[YP_line(1),YP_line(numel(YP_line))],'b-','linewidth',3)
p=polyfit(XP_line,YP_line,1);
k=p(1),b=p(2)
x=[-530;XP(numel(XP))];
y=k*x+b;
plot(x,y,'k-','linewidth',1)
legend('G1','P','fit point','fit line')
d=(k*XP+b-YP)/sqrt(k^2+1);
heading=2*pi+acot(k);
beta=-(beta12+90.6*pi/180-heading);

%曲率
L=2.3;W_f=1.7;
for i=1:numel(alpha_R)
    theta(i,1)=1/(L*cot(alpha_R(i))-W_f/2);
end
figure
t=DT:DT:DT*numel(theta);
plot(t,theta*180/pi,'b-s'),hold on,grid on,axis equal
xlabel('t/s'),ylabel('\theta/°'),title('\theta(t)')

%拟合
N=[28,45;
   58,90;
   98,115]
for j=1:3
    t=N(j,1)*DT:DT:N(j,2)*DT;
    t=t';
    plot(t,theta(N(j,1):N(j,2))*180/pi,'r-o','markersize',2,'markerfacecolor','r');
    p=polyfit(t,theta(N(j,1):N(j,2))*180/pi,1);
    mu(j,1)=abs(p(1));
end
mu
mmu=mean(mu)
```

```
%起始点数据
n_start=N(1,1)%上线起始点
d0=vpa(d(n_start),8),beta0=vpa(beta(n_start),8),theta0=vpa(theta(n_start),8)
mmu_rad=vpa(mmu*pi/180,8)
%坐标转换参数
m=vpa((YP(n_start)+1/k*XP(n_start)-b)/(k+1/k),8)
n=vpa(k*m+b,8)
delta=vpa((2*pi-heading)+pi/2,8)

%计算车速
for i=1:numel(XP)-1
    v(i+1)=sqrt((XP(i+1)-XP(i))^2+(YP(i+1)-YP(i))^2)/DT;
end
v(1)=v(2);
t=DT:DT:DT*numel(v);
figure,plot(t,v,'r-o','markersize',1.5,'markerfacecolor','r','markeredgecolor','r'),hold on,grid on
n1=15;
n2=numel(v);
V=mean(v(n1:n2))
plot([t(n1) t(n2)],[V V],'b--','linewidth',2)
xlabel('t/s'),ylabel('v/m/s'),title('v(t)')
```

运行程序得到人工驾驶轨迹 $x(t)$、$y(t)$ 图如图 7-11 所示，车辆曲率时间 $\theta(t)$ 图如图 7-12 所示，速度 $v(t)$ 图如图 7-13 所示。

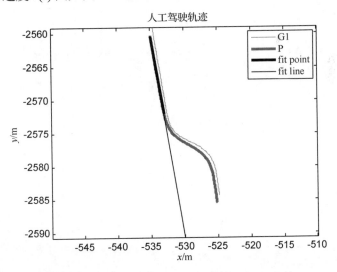

图 7-11　人工驾驶轨迹 $x(t)$、$y(t)$ 图（sb_data_08）

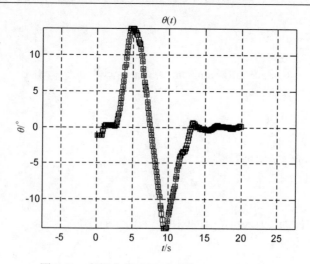

图 7-12 车辆曲率时间 $\theta(t)$ 图（sb_data_08）

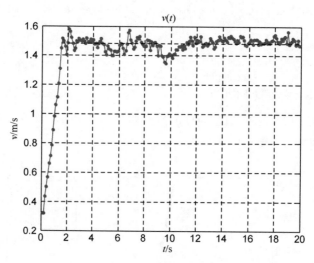

图 7-13 速度 $v(t)$ 图（sb_data_08）

得到如下数据：

```
N =
    28    45
    58    90
    98   115
mu =
    7.3870
    7.4953
    5.2937
mmu =    6.7253
n_start =    28
```

第7章 u(t)-complete 算法实现

```
d0 =-5.6702891
beta0 =-.12014746e-1
theta0 =.11496439e-1
mmu_rad =.11737935
m =-531.20084
n =-2583.3140
delta =1.7322113
V =     1.4838
```

观察图 7-12 可以看到在上线过程中，$\theta(t)$ 是分段直线段，曲率变化率 μ 基本不变，这与 UT_complete 算法的基本假设一致。同时，$\theta_{max} \leq 14°$，取

```
theta_max=vpa(14*pi/180,8)
theta_max=0.24434610
```

我们设置 initial_data 表格数据，如表 7-4 所示。

表 7-4 initial_data 表格数据

X0	0.000000
Y0	-5.670289
PHY0	-0.012015
THETA0	0.011496
v	1.483800
dt	0.010000
Epsilon_T2	0.010000
L	2.300000
W_f	1.700000
phy_max	1.500000
theta_max	0.244346
mu	0.117379
W_r	1.700000
r_f	0.600000
r_r	0.800000

运行 UT_complete，得到曲率操作函数 theta(t) 如图 7-14 所示。

这与前面的人工驾驶车辆曲率 $\theta(t)$ 图是高度吻合的，人工驾驶时：左转-右转变换点为 T_1=5.1-2.8=2.3s，右转-左转变换点为 T_2=9.8-2.8=7.0s，上图中 T_1=2.5s，T_2=7.1s。

在 UT_simu.m 的最后加入一段程序，以得到 BM 在 NEU 坐标系下的坐标 BM_NEU，代码如下：

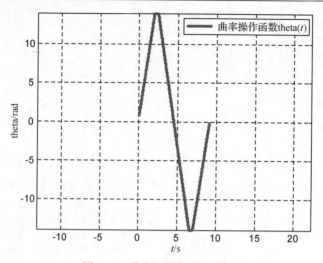

图 7-14 曲率操作函数 theta(t)

```
m =-531.20084
n =-2583.3140
delta =1.7322113
T=[cos(delta),-sin(delta),m;sin(delta),cos(delta),n;0,0,1]
for i=1:numel(BM)/2
    bm=[BM(i,1);BM(i,2);1];
    bm_neu=T*bm;
    BM_NEU(i,:)=[bm_neu(1),bm_neu(2)];
end
xlswrite('C:\Users\Administrator\Documents\MATLAB\BM_NEU.xlsx',BM_NEU)
```

运行 **UT_simu.m**，得到 UT_complete 算法运算结果，如图 7-15 所示。

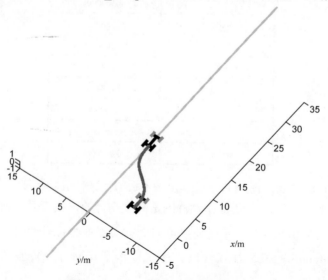

图 7-15 UT_complete 算法运算结果

为对比 BM_NEU 轨迹与人工驾驶轨迹，重新写一个 M 文件，代码如下。

path_contrast.m：

```
clear all,close all,clc
set(0,'defaultfigurecolor','w')
DATA=xlsread('C:\Users\Administrator\Documents\MATLAB\sb_data\sb_data_08.xlsx','Sheet1');
XG1=DATA(:,1);YG1=DATA(:,2);beta12=DATA(:,3)*pi/180;alpha_R=DATA(:,5)*pi/180;

%计算后轮轴中点 P
a=0.52;b=1.1;
XP=XG1+a*sin(beta12)-b*cos(beta12);
YP=YG1+a*cos(beta12)+b*sin(beta12);
plot(XP,YP,'r.','markersize',1),hold on,axis equal

%BM_NEU
BM_NEU=xlsread('C:\Users\Administrator\Documents\MATLAB\BM_NEU.xlsx','Sheet1')
plot(BM_NEU(:,1),BM_NEU(:,2),'b.','markersize',1)

%fit line
nn=0.6;
XP_line=XP(nn*numel(XP):numel(XP));
YP_line=YP(nn*numel(YP):numel(YP));
p=polyfit(XP_line,YP_line,1);
k=p(1),b=p(2)
x=[-530;XP(numel(XP))];
y=k*x+b;
plot(x,y,'k-','linewidth',1)
xlabel('x/m'),ylabel('y/m'),legend('人工驾驶路径','UT 算法路径','直线')
```

我们采用 UT_complete 算法规划的路径与人工驾驶路径非常接近，以上结果有效说明了 UT_complete 算法的拟人度是很高的。人工驾驶-UT 算法路径对比图如图 7-16 所示。

我们列出 6 组实验的处理结果：人工驾驶轨迹 $x(t)$、$y(t)$ 图，车辆曲率时间 $\theta(t)$ 图，速度 $v(t)$ 图，人工驾驶-UT 算法路径对比图。sb_data_02 组实验由于速度不恒定，没有进行处理。

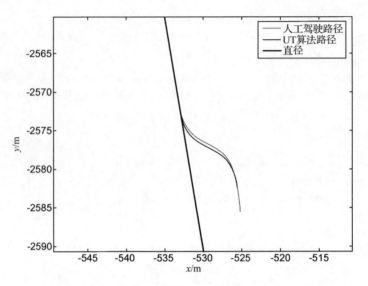

图 7-16 人工驾驶-UT 算法路径对比图（sb_data_08）

sb_data_01：

sb_data_01 的人工驾驶轨迹 $x(t)$、$y(t)$ 图，如图 7-17 所示，车辆曲率时间 $\theta(t)$ 图如图 7-18 所示，速度 $v(t)$ 图如图 7-19 所示，人工驾驶-UT 算法路径对比图如图 7-20 所示。

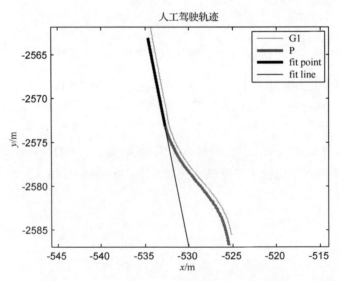

图 7-17 人工驾驶轨迹 $x(t)$、$y(t)$ 图（sb_data_01）

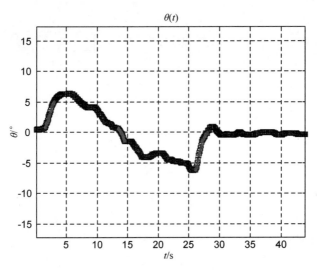

图 7-18 车辆曲率时间 $\theta(t)$ 图（sb_data_01）

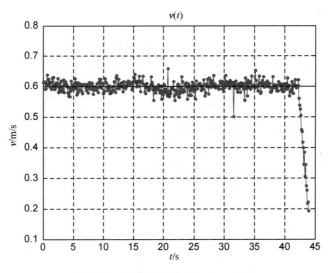

图 7-19 速度 $v(t)$ 图（sb_data_01）

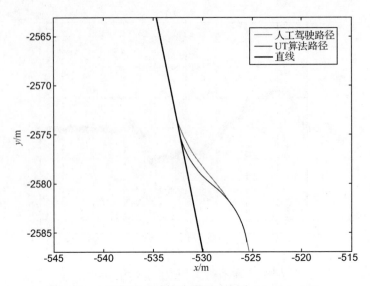

图 7-20 人工驾驶-UT 算法路径对比图（sb_data_01）

sb_data_03：

sb_data_03 的人工驾驶轨迹 $x(t)$、$y(t)$ 图，如图 7-21 所示，车辆曲率时间 $\theta(t)$ 图如图 7-22 所示，速度 $v(t)$ 图如图 7-23 所示，人工驾驶-UT 算法路径对比图如图 7-24 所示。

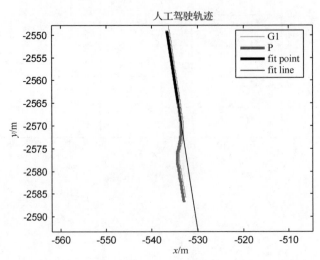

图 7-21 人工驾驶轨迹 $x(t)$、$y(t)$ 图（sb_data_03）

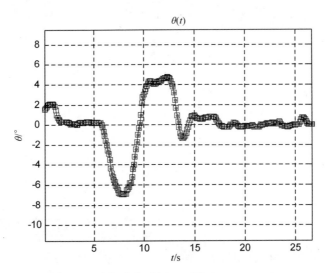

图 7-22 车辆曲率时间 $\theta(t)$ 图（sb_data_03）

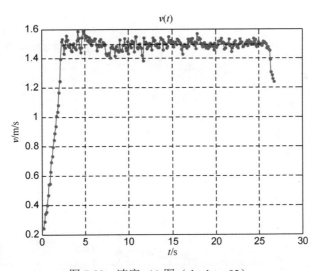

图 7-23 速度 $v(t)$ 图（sb_data_03）

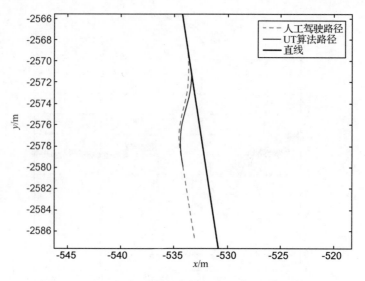

图 7-24 人工驾驶-UT 算法路径对比图（sb_data_03）

sb_data_04：

sb_data_04 的人工驾驶轨迹 $x(t)$、$y(t)$ 图，如图 7-25 所示，车辆曲率时间 $\theta(t)$ 图如图 7-26 所示，速度 $v(t)$ 图如图 7-27 所示，人工驾驶-UT 算法路径对比图如图 7-28 所示。

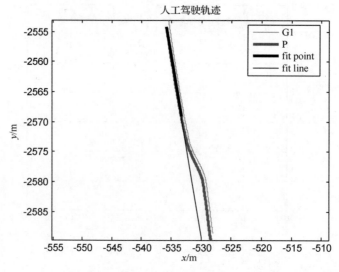

图 7-25 人工驾驶轨迹 $x(t)$、$y(t)$ 图（sb_data_04）

第 7 章 u(t)-complete 算法实现

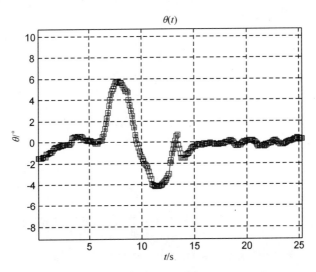

图 7-26 车辆曲率时间 $\theta(t)$ 图（sb_data_04）

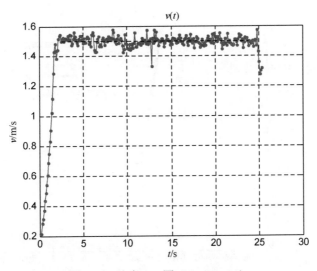

图 7-27 速度 $v(t)$ 图（sb_data_04）

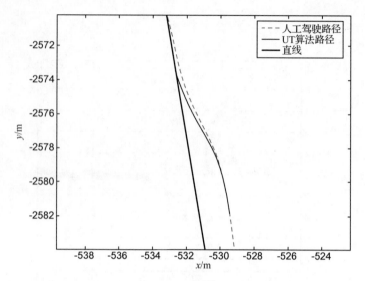

图 7-28　人工驾驶-UT 算法路径对比图（sb_data_04）

sb_data_05：

sb_data_05 的人工驾驶轨迹 $x(t)$、$y(t)$ 图，如图 7-29 所示，车辆曲率时间 $\theta(t)$ 图如图 7-30 所示，速度 $v(t)$ 图如图 7-31 所示，人工驾驶-UT 算法路径对比图如图 7-32 所示。

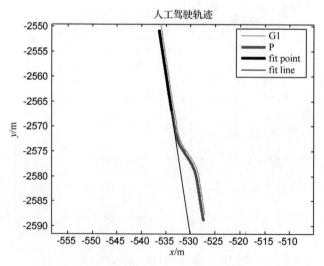

图 7-29　人工驾驶轨迹 $x(t)$、$y(t)$ 图（sb_data_05）

第 7 章 u(t)-complete 算法实现

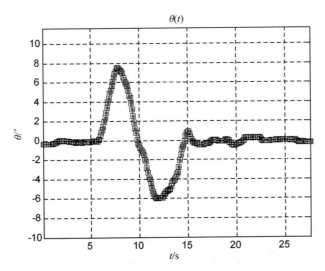

图 7-30 车辆曲率时间 $\theta(t)$ 图（sb_data_05）

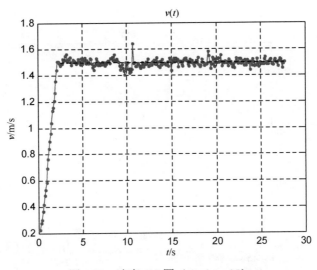

图 7-31 速度 $v(t)$ 图（sb_data_05）

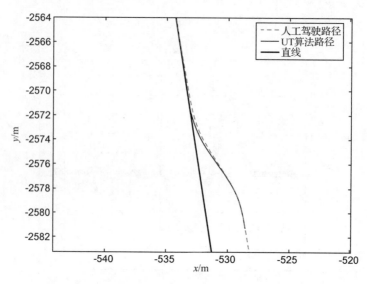

图 7-32 人工驾驶-UT 算法路径对比图（sb_data_05）

sb_data_06：

sb_data_06 的人工驾驶轨迹 $x(t)$、$y(t)$ 图，如图 7-33 所示，车辆曲率时间 $\theta(t)$ 图如图 7-34 所示，速度 $v(t)$ 图如图 7-35 所示，人工驾驶-UT 算法路径对比图如图 7-36 所示。

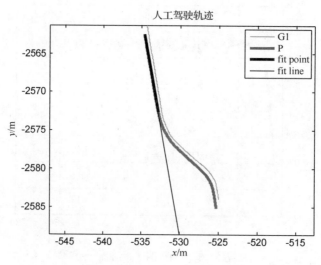

图 7-33 人工驾驶轨迹 $x(t)$、$y(t)$ 图（sb_data_06）

第 7 章　u(t)-complete 算法实现

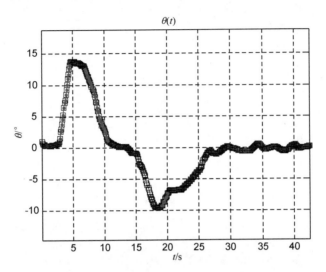

图 7-34　车辆曲率时间 $\theta(t)$ 图（sb_data_06）

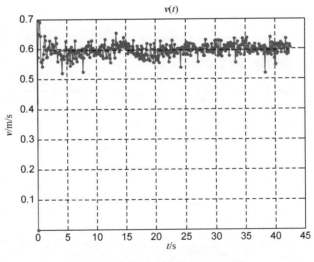

图 7-35　速度 $v(t)$ 图（sb_data_06）

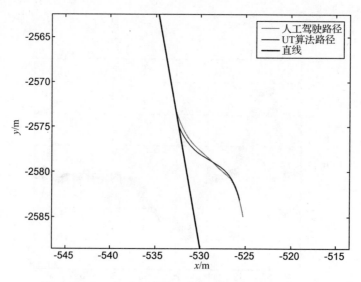

图 7-36　人工驾驶-UT 算法路径对比图（sb_data_06）

sb_data_07：

　　sb_data_07 的人工驾驶轨迹 $x(t)$、$y(t)$ 图，如图 7-37 所示，车辆曲率时间 $\theta(t)$ 图如图 7-38 所示，速度 $v(t)$ 图如图 7-39 所示，人工驾驶-UT 算法路径对比图如图 7-40 所示。

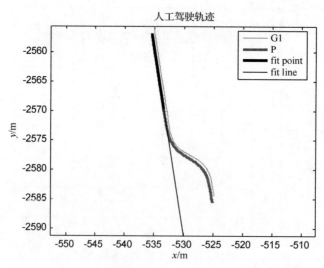

图 7-37　人工驾驶轨迹 $x(t)$、$y(t)$ 图（sb_data_07）

第 7 章 u(t)-complete 算法实现

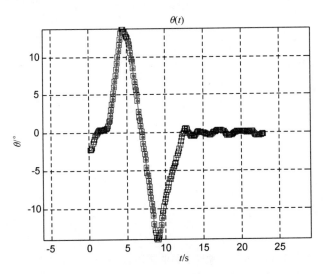

图 7-38 车辆曲率时间 $\theta(t)$ 图（sb_data_07）

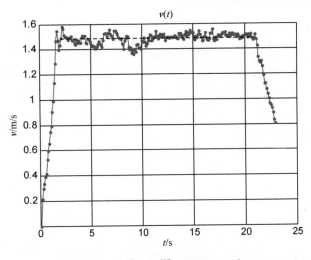

图 7-39 速度 $v(t)$ 图（sb_data_07）

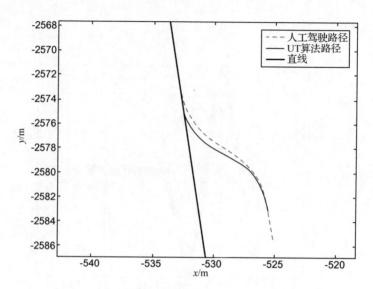

图 7-40 人工驾驶-UT 算法路径对比图（sb_data_07）

参考文献

[1] 马修 T. 梅森. 机器人操作中的力学原理[M]. 北京：机械工业出版社，2017.

[2] 熊有伦. 机器人技术基础[M]. 武汉：华中科技大学出版社，1996.

[3] 同济大学计算数学教研室. 现代数值计算[M]. 北京：人民邮电出版社，2009.

[4] 王竹溪，郭敦仁. 特殊函数概论[M]. 北京：北京大学出版社，1963.

[5] 张善杰，金建铭. 特殊函数计算手册[M]. 南京：南京大学出版社，2011.

[6] 孔祥元. 大地测量学基础[M]. 武汉：武汉大学出版社，2010.

[7] 谢刚. GPS 原理与接收机设计[M]. 北京：电子工业出版社，2017.

[8] 李征航，张小红. 卫星导航定位新技术及高精度数据处理方法[M]. 武汉：武汉大学出版社，2009.

[9] 白柳. 液压与气压传动[M]. 北京：机械工业出版社，2009.

[10] 刘金琨. 先进 PID 控制 MATLAB 仿真[M]. 北京：电子工业出版社，2016.

[11] 朱玉田，唐兴华. 脉宽调制中的颤振算法[J]. 机械工程学报，2009，45(4): 214-218.

[12] 余志生. 汽车理论[M]. 北京：机械工业出版社，2009.

[13] 杨叔子，杨克冲，吴波等. 机械工程控制基础[M]. 武汉：华中科技大学出版社，2011.

[14] 师郡. 道路勘测设计[M]. 北京：机械工业出版社，2010.

[15] 钟宜生. 最优控制[M]. 北京：清华大学出版社，2015.

[16] 姜万录. 现代控制理论基础[M]. 北京：化学工业出版社，2018.

[17] 天宝公司. 路径规划自动驾驶仪[P]. 中国：ZL201380024793.4，20150121.

[18] 天宝导航有限公司. 基于转向组件角度及角速率传感器的车辆陀螺仪[P]. 中国：ZL200680045195.5，20081217.

[19] 莱卡地球系统公开股份有限公司. 校正参数的确定方法[P]. 中国：ZL1103910C，19990505.

[20] Michael Lee O'Connor.Carrier-Phase Differential GPS for Automatic Control of Land Vehicles[D].Stanford University, Stanford, CA, 1997.

[21] Yoshisada Nagasaka, Naonobu Umeda, Yutaka Kanetai, etc.Autonomous Guidance for Rice Transplanting Using Global Positioning and Gyroscopes[J].Computers and Electronics in Agriculture, 2004, 43: 223-234.

[22] Q. Zhang, H. Qiu.A Dynamic Path Search Algorithm for Tractor Automatic Navigation[J].Transactions of the ASAE, 2004, 47(2): 639-646.

[23] B. THUILOT, C. CARIOU, P. MARTINET, etc.Automatic Guidance of a Farm Tractor Relying on a Single CP-DGPS[J].Autonomous Robots, 2002, 13: 53-71.